Guida di viaggio a Lisbona

Pianifica la tua avventura

Scopri i segreti della città: cosa fare e come farlo.

Esplora Lisbona

I miei suggerimenti per i migliori luoghi in ogni quartiere: attrazioni, ristoranti, bar, intrattenimento e shopping.

Guida pratica

Indicazioni, consigli e informazioni utili per un viaggio senza problemi.

Matteo da Silva

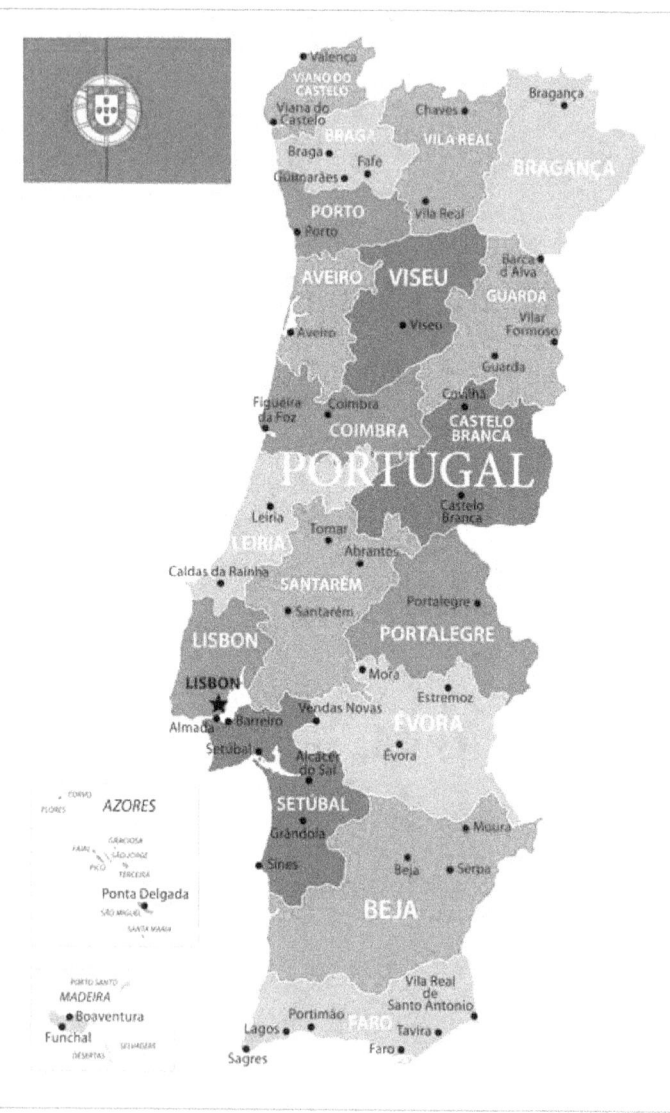

Copyright © 2024 Di [Matteo da Silva]

Tutti i diritti riservati. Nessuna parte di questa guida può essere riprodotta in qualsiasi forma senza il permesso scritto dell'editore, a eccezione di brevi citazioni usate per la pubblicazione di articoli o recensioni.

Nota legale

Le informazioni contenute in questo libro e i suoi contenuti non sono pensati per sostituire qualsiasi forma di parere medico o professionale; e non ha lo scopo di sostituire il bisogno di pareri o servizi medici, finanziari, legali o altri che potrebbero essere necessari. Il contenuto e le informazioni di questo libro sono stati forniti solo a scopo educativo e ricreativo.

Il contenuto e le informazioni contenuti in questo libro sono stati raccolti a partire da fonti ritenute affidabile, e sono accurate secondo la conoscenza, le informazioni e le credenze dell'autore. Tuttavia, l'autore non può garantirne l'accuratezza e validità e perciò non può essere ritenuto responsabile per qualsiasi errore e/o omissione. Inoltre, a questo libro vengono apportate modifiche periodiche secondo necessità. Quando appropriato e/o necessario, devi consultare un professionista (inclusi, ma non limitato a, il tuo dottore, avvocato, consulente finanziario o altri professionisti del genere) prima di usare qualsiasi rimedio, tecnica e/o informazione suggerita in questo libro.

Usando i contenuti e le informazioni in questo libro, accetti di ritenere l'autore libero da qualsiasi danno, costo e spesa, incluse le spese legali che potrebbero risultare dall'applicazione di una qualsiasi delle informazioni contenute in questo libro. Questa avvertenza si applica a qualsiasi perdita, danno o lesione causata dall'applicazione dei contenuti di questo libro, direttamente o indirettamente, in violazione di un contratto, per torto, negligenza, lesioni personali, intenti criminali o sotto qualsiasi altra circostanza.

Concordi di accettare tutti i rischi derivati dall'uso delle informazioni presentate in questo libro.

Accetti che, continuando a leggere questo libro, quando appropriato e/o necessario, consulterai un professionista (inclusi, ma non limitati a, il tuo dottore, avvocato, consulente finanziario o altri professionisti del genere) prima di usare i rimedi, le tecniche o le informazioni suggeriti in questo libro.

Sommario

Benvenuti a Lisbona 3

    Luoghi da non perdere 4

    Mangiare fuori 5

    Locali 9

    Shopping 13

    Musei e gallerie 20

    Punti panoramici 23

    Fuori all'aperto 26

    Per i bambini 28

    Tour 31

    Viaggio ecologico 33

    Quattro giorni perfetti 35

Scoprire Lisbona 45

    Bairro Alto e Chiado 45

    Baixa e Rossio 69

    Mouraria, Alfama e Graça 95

    Belém 116

    Parque das Nações 135

    Marquês de Pombal, Rato e Saldanha 145

    Estrela, Lapa e Alcântara 156

Il Meglio di lisbona **168**

I Palazzi di Sintra e i Giardini 168

Guida Pratica **171**

Prima di partire 171

All'arrivo 175

Trasporti locali 177

Informazioni 180

Moneta 183

Guida linguistica 187

Conclusione **192**

BENVENUTI A LISBONA

Posizionata sulle ripide pendici di sette colline, circondata da uno splendido castello medievale e baciata da una luce che la rende un'opera d'arte vivente, Lisbona si presenta come una città dalla bellezza cinematografica e da una storia avvincente. È una capitale che offre cieli infiniti e panorami mozzafiato, dove i suoi tram caratteristici sfrecciano tra vicoli tortuosi e ripidi saliscendi, i quali sembrano usciti dal mondo magico di Willy Wonka, offrono scorci incredibili. Qui, la malinconia del fado s'intreccia alle vivaci feste di strada che continuano fino alle prime luci dell'alba. Lisbona è un connubio affascinante di sottile fascino e pittoreschi panorami da cartolina, dove ogni angolo riserva un'emozione unica.

Perdersi nelle strade lastricate di Lisbona significa scoprire tesori nascosti in ogni vicolo, dalla vibrante scena artistica ai mercati tradizionali, che offrono prelibatezze locali. Attraversando i quartieri pittoreschi come Alfama, con le sue strette vie e le case colorate, o Bairro Alto, animato dai suoni del jazz e dai sapori della cucina tipica portoghese, ci si rende conto che Lisbona è una città che cattura l'anima di chiunque la visiti. Provate a salire sulla collina di São Jorge per ammirare il panorama spettacolare sulla città e sul fiume Tago, o concedetevi una passeggiata lungo le rive del quartiere di Belém, ricco di monumenti storici e gustose pasteis de nata. Lisbona è una città che vi avvolge con il suo calore e la sua autenticità, regalandovi esperienze indimenticabili ad ogni passo.

LUOGHI DA NON PERDERE

Tram 28E: Esplorate i quartieri storici di Lisbona a bordo di questo vecchio tram.

Mosteiro dos Jerónimos: Un esempio sublime dello stile manuelino, insignito del titolo di Patrimonio dall'UNESCO.

Museu Nacional do Azulejo: Scoprite gli splendidi azulejos, le tipiche piastrelle decorative portoghesi in ceramica.

Castelo de São Jorge: Salite sulla fortezza storica situata su una collina per godere di viste panoramiche sulla città e sul fiume.

Praça do Comércio: Rilassatevi passeggiando in questa piazza, cuore del potere politico e commerciale del Portogallo.

Convento do Carmo: Ammirate il cielo di Lisbona da questo luogo, costruito prima del terremoto del 1755.

Oceanário: Esplorate l'immenso Oceanário attraverso un'esperienza virtuale e immersiva.

Museu Nacional de Arte Antiga: Visitate il Museo di arte antica, ospitato in un fantastico palazzo risalente al XVII secolo.

Núcleo Arqueológico da Rua dos Correeiros: Tuffatevi nell'antichità, all'età del ferro scoprendo la Lisbona del passato.

Museu Calouste Gulbenkian: Esplorate la straordinaria collezione d'arte di questo Museo.

MANGIARE FUORI

Piatti classici come il bacalhau (baccalà) e i pastéis de nata (tartellette alla crema) rimangono senza tempo, tuttavia, Lisbona ha visto un'elevazione culinaria grazie all'innovazione di chef creativi che s'ispirano alla cucina proveniente dal Brasile, dalla Francia, dall'India e dai paesi del Mediterraneo. Nuovi ristoranti stanno sorgendo in luoghi insoliti, dai conventi ai vecchi negozi di attrezzature da pesca.

La bellezza delle Tascas

I locali affollati, il brusio invitante e un menu ricco di piatti abbondanti, come ad esempio la zuppa di pane e uovo, caratterizzano l'atmosfera accogliente della "tasca", il tradizionale ristorante a conduzione familiare, noto per essere uno dei più convenienti di Lisbona. Ma non solo, le churrasqueiras, ristoranti specializzati in cucina alla griglia, offrono altrettante alternative tipiche, economiche e gustose per chi desidera provare la cucina del luogo senza spendere troppo.

Cucina D'elitè

La scena gastronomica della capitale è contrassegnata da semplicità, ingredienti freschi e una grande dose di creatività. Chef contemporanei hanno portato Lisbona alla ribalta dei gourmet, con menu degustazione che rielaborano ricette tradizionali, come il maialino da latte cotto lentamente e il bacalhau, offrendo esperienze culinarie uniche e indimenticabili.

Pastelarias e Caffetterie

Amanti del dolce? Le pastelarias (pasticcerie) di Lisbona sono un vero paradiso per voi. Che sia per i celebri pastéis de nata (tartellette alla crema caramellata), per gli affascinanti interni dorati e finemente decorati dei caffè storici, o magari per le moderne panetterie che propongono prelibatezze della pasticceria francese, non potrete che restare incantati dalla varietà e dalla bontà dei dolci offerti.

Gourmet

Bairro do Avillez: Lo chef famoso José Avillez delizia i palati più esigenti con una varietà di piatti dall'antipasto al dolce.

Alma: L'incredibile cucina portoghese con due stelle Michelin firmata da Henrique Sá Pessoa.

Tascas e tabernas

Ti-Natércia: Un gioiello nascosto nell'Alfama, dove si può assaporare la cucina casalinga preparata con amore dalla "zia" Natércia.

Tasca Zé dos Cornos: Un'accogliente osteria a conduzione familiare nel cuore di Mouraria, celebre per la sua autentica cucina portoghese.

Bistrò

Santa Clara dos Cogumelos: Un'atmosfera retrò all'interno dell'ex mercato coperto, con un menu dedicato interamente ai funghi.

Clube de Jornalistas: Un'eleganza discreta in una dimora del Settecento, arricchita da un incantevole cortile alberato.

Ristoranti romantici

Vicente by Carnalentejana: Un luogo suggestivo per immergersi nelle delizie culinarie dell'Alentejo, offrendo un'atmosfera unica e accogliente.

Flor da Laranja: Un rifugio accogliente e romantico nel Bairro Alto, dove potrete deliziarvi con autentici piatti della cucina marocchina.

Tapas e piattini

Pharmacia: Gustose tapas servite nel suggestivo contesto del Museo della Farmacia di Lisbona.

Os Tibetanos: Il ristorante vegetariano più antico di Lisbona, situato in una scuola di buddismo tibetano.

Pastelarias vecchia scuola

Confeitaria Nacional: Una storica pasticceria nel cuore di Baixa, che incanta i visitatori da generazioni.

Versailles: Una meravigliosa pasticceria degli anni '30, rinomata per le sue torte alla crema e il suo ambiente animato, dove il gossip è di casa.

LOCALI

Lisbona, come mi ha confidato un abitante del luogo, non è solo una capitale europea, ma un'anima vibrante che pulsa al ritmo di una contagiosa allegria. Il suo fascino decadente, con le case dai colori pastello che si affacciano su vicoli acciottolati, evoca atmosfere caraibiche, tanto da meritarsi il soprannome di "L'Avana d'Europa".

Immergetevi nel Bairro Alto, cuore pulsante della movida notturna, dove potrete stringere nuove amicizie tra un bar e l'altro e lasciarvi travolgere dal ritmo coinvolgente della musica dal vivo. Passeggiate lungo il Cais do Sodré, dove le note musicali di artisti locali risuonano nell'aria, e concedetevi una pausa rinfrescante sorseggiando un bicchierino di ginjinha, il liquore tipico alla ciliegia, nella storica Praça do Rossio.

A Lisbona la gioia di vivere è contagiosa: lasciatevi inebriare dai colori, dai suoni e dai sapori di questa città unica, dove ogni momento è un'occasione per celebrare la vita.

QUARTIERI DELLA VITA NOTTURNA

Immergiti nella movida di Lisbona

Seguite il ritmo della gente del posto: iniziate la vostra serata con un bicchierino di **ginjinha**, il liquore all'amarena tipico di Lisbona, in uno dei minuscoli bar di **Rossio**. Lasciatevi avvolgere dalle note del **fado**, genere musicale portoghese carico di sentimento, nei locali a conduzione familiare del quartiere **Alfama**, simile a una medina.

Bairro Alto: il cuore pulsante della vita notturna di Lisbona. Dalle 24 in poi, il quartiere si trasforma in **un'unica grande festa in strada**, con bar e locali che traboccano d'energia.

Cais do Sodré: un quartiere alternativo rimodernato, perfetto per chi desidera un'atmosfera vivace. Ammirate i panorami della città e sorseggiate un cocktail in uno dei bar in stile **bordello chic** o scatenatevi nei **club aperti fino all'alba**.

Príncipe Real: un'oasi di tranquillità a nord del centro, con **cocktail bar e caffè,** perfetti per rilassarsi e conversare. Un quartiere hippie con un'atmosfera intima e accogliente.

Alcântara: lungo il fiume, a ovest del centro, sorge questo quartiere emergente, con **locali in stile industriale e club** che attirano folle di nottambuli. Il luogo ideale per chi desidera una serata all'insegna della musica e del divertimento sfrenato.

Lasciati conquistare dalla contagiosa energia di Lisbona: scegliete l'atmosfera che più si adatta al vostro stile di vita e preparatevi a vivere una notte indimenticabile!

COCKTAIL

Pavilhão Chinês: Prelibati drink offerti in un ambiente stravagante e fiabesco, come se foste nel paese delle meraviglie.

Foxtrot Bar: apertamente ispirato allo stile Art Nouveau, è un luogo ricco di oggetti kitsch e offre una vasta selezione di cocktail creativi e fantasiosi.

Red Frog: Cocktails personalizzati in un ambiente sofisticato, che richiama l'atmosfera esclusiva e segreta di uno speakeasy.

TERRAZZE SUL TETTO

Park: Il rooftop bar più trendy di Lisbona.

Sky Bar: Per un aperitivo elegante con vista panoramica su Lisbona vista dal tetto di un edificio su Avenida da Liberdade.

TOPO Martim Moniz: Lounge bar moderno con una vista mozzafiato sul castello.

Memmo Alfama: Ammirate lo splendido panorama di Lisbona dal bar del boutique hotel.

BIRRE ARTIGIANALI

Outro Lado: un locale simpatico nell'Alfama, specializzato in birre portoghesi e belghe. Il luogo ideale per assaggiare nuovi sapori e conoscere altri appassionati.

Crafty Corner: un bar tranquillo dell'Alfama, perfetto per rilassarsi con musica live (non sempre), cibo e 14 tipi di birre artigianali portoghesi.

Duque Brewpub: situato in una suggestiva strada del Chiado, offre 12 tipi di cerveja artesanal alla spina, da gustare in un'atmosfera accogliente.

Quimera Brewpub: un paradiso per gli amanti delle birre particolari, con una vasta selezione di proposte anche da birrifici locali.

MUSICA LIVE

Senhor Fado: un locale intimo e ricco di atmosfera nel cuore dell'Alfama, dove il fado si esprime nella sua forma più pura e coinvolgente.

Zé dos Bois: musica live, teatro sperimentale e molto altro in un locale che offre un'ampia varietà di eventi musicali.

Damas: lo spazio per concerti più eclettico e alternativo di Graça, dove il fado si mescola ad altri generi musicali creando un'esperienza sonora unica.

A Tasca do Chico: un punto di riferimento nel Bairro Alto per gli amanti del fado autentico, dove l'atmosfera è intima e accogliente e non è raro che un tassista di passaggio entri per cantare qualche canzone.

Mesa de Frades: un'esperienza magica in una minuscola ex cappella, dove il fado risuona con un'intensità unica.

CLUB

Europa Club: un locale underground con un'atmosfera alternativa e dark. La musica spazia dall'elettronica al rock, con dj set di artisti emergenti e affermati.

RCA Club: un club storico di Lisbona, frequentato da celebrità e artisti internazionali. Propone musica dal vivo e dj set di musica elettronica.

Discoteca Jamaica: un locale accogliente con una pista da ballo dove lasciarsi andare al ritmo contagioso del reggae. Un'atmosfera vivace e informale per vivere la musica caraibica in tutta la sua energia.

Lux-Frágil: un tempio della dance in riva al Tago (Rio Tejo), considerato uno dei migliori e più grandi club d'Europa. Un ambiente dove poter scatenarsi al ritmo di musica elettronica fino all'alba.

SHOPPING

Con i suoi negozi retrò che rimangono aperti fino a tarda notte, il Bairro Alto è una meta ambita per gli amanti dei vinili e della moda vintage. Le boutique degli stilisti e dei marchi internazionali si concentrano nelle eleganti vie del Chiado, offrendo agli acquirenti una vasta gamma di prodotti di alta moda.

Tuttavia, è nelle pittoresche strade di Alfama, Baixa e Rossio che si possono trovare autentiche gemme sospese nel tempo: botteghe che offrono oggetti d'epoca, eleganti guanti, pregiato Porto d'annata e prelibatezze di pesce in scatola, regalando un'esperienza di shopping unica e nostalgica.

IDEE REGALO

Oltre alla tipica abbondanza di souvenir per turisti, soprattutto nel quartiere della Baixa, il Portogallo offre una vasta gamma di prodotti unici che meritano sicuramente di essere menzionati. Tra questi vi sono oggetti in sughero, tradizionali azulejos (piastrelle) e pregiati vini portoghesi. Da non perdere sono anche i raffinati prodotti da bagno di Claus Porto, i capi d'abbigliamento in lana di Loja do Burel e il pesce in scatola finemente confezionato di Conserveira de Lisboa.

Vino

Il Portogallo vanta una produzione di vini eccelsi, spesso disponibili a prezzi convenienti. Raccomando di cercare i rossi provenienti dalle regioni dell'Alentejo, del Douro e del Dão, oltre al vinho verde, ideale per i picnic estivi grazie alla sua leggera effervescenza. Inoltre, non dimenticate di provare i vini liquorosi come il Moscatel de Setúbal, originario della penisola appena a sud di Lisbona.

Azulejos

Le splendide piastrelle di ceramica che adornano numerosi edifici di Lisbona, sia all'interno che all'esterno, rappresentano dei souvenir perfetti. Consiglio di cercare quelle dipinte a mano, caratterizzate da motivi originali e unici, i quali non si trovano altrove.

Sughero

Il Portogallo è famoso per la sua produzione sostenibile di sughero, il quale viene utilizzato per creare una vasta gamma di prodotti, tra cui portafogli, borsette, sandali, quaderni, cover per telefoni e persino ombrelli.

REGALI E SOUVENIR

Apaixonarte: Una galleria d'arte e negozio che offre una selezione di oggetti decorativi realizzati da artisti locali.

A Vida Portuguesa: Un vero e proprio santuario del retrò, con una vasta selezione di articoli per la casa e prodotti artigianali tipicamente portoghesi.

MODA E ACCESSORI

Kolovrat: La boutique di punta di Lidija Kolovrat, una delle figure di spicco della moda lisbonese.

Embaixada: Un sontuoso palazzo del XIX secolo in stile neomoresco, trasformato oggi in un'eclettica vetrina per gli stilisti locali.

ARTE E DESIGN

Fábrica Sant'Ana: Un'antica fabbrica con negozio annesso, specializzato in azulejos classici, dipinti a mano e in attività dal 1700.

Madalena à Janela: Uno store concettuale che celebra l'arte e l'artigianato portoghese con un assortimento unico di prodotti.

MERCATI

LX Market: Un mercato domenicale molto frequentato, dove potrete trovare una vasta selezione di prodotti gastronomici e abbigliamento vintage.

Feira da Ladra: Esplorate questo animato mercatino delle pulci a Campo de Santa Clara, dove potrete scovare tesori unici.

ALIMENTARI

Garrafeira Nacional: Un'enoteca completa che offre una vasta selezione di vini portoghesi, dalla A alla Z.

Manteigaria Silva: Un negozio dal fascino d'altri tempi, dedicato alle prelibatezze portoghesi.

PERCORSI INSOLITI

Abbandonate il centro e immergetevi nei quartieri autentici, lontani dalla folla. Qui potrete scoprire alcuni dei migliori ristoranti etnici di Lisbona, bar nascosti in stile speakeasy, punti panoramici poco conosciuti e piccoli parchi che nascondono segreti incredibili. Non dimenticate di visitare anche il museo sulla Rivoluzione dei garofani per un'affascinante immersione nella storia portoghese.

QUARTIERI DA ESPLORARE

Madragoa, situata ad ovest della Baixa, con i suoi vicoli stretti e i ristoranti accoglienti, ricorda l'atmosfera dell'Alfama, ma con meno affluenza turistica. Il rinnovato Bairro industriale di Marvila, posizionato 4 km a nord di Santa Apolónia, rappresenta la zona in crescita di Lisbona e il nuovo polo di gallerie d'arte all'avanguardia, bar trendy, ristoranti e birrifici. Il verde quartiere di Campo de Ourique, situato 300 metri a ovest di Estrela, è una zona residenziale piuttosto tranquilla, arricchita da numerosi accoglienti caffè all'aperto, boutique indipendenti e locali gastronomici che meritano sicuramente una visita.

STORIA MODERNA

Verso la metà degli anni '70, il Portogallo ha superato una dittatura durata cinque decenni; sebbene quel passato oscuro a volte aleggi ancora su Lisbona, la capitale è ora un vivace centro europeo, accogliente e cosmopolita. Mentre i lisboêtas guardano al futuro, i visitatori possono esplorare la storia che ha modellato la cultura contemporanea locale attraverso un museo all'avanguardia situato ad Alfama.

LUOGHI DI INTERESSE

Miradouro Panorâmico de Monsanto: Un'impressionante vista panoramica da un ristorante di lusso abbandonato.

Museu do Aljube: Questo museo situato ad Alfama offre un'illustrazione diretta dei 50 anni di dittatura e della rivoluzione che ha portato il paese alla libertà.

Campo dos Mártires da Pátria: Una piazza verde circondata da alberi di jacaranda, uno stagno con anatre, accoglienti caffè e una statua che suscita meraviglia.

RISTORANTI

Mezze: Un paradiso dell'hummus che racconta una toccante storia di successo di rifugiati siriani.

Mesa do Bairro: Piatti della cucina tradizionale portoghese, rivisitati con creatività.

Último Porto: Un luogo frequentato dalla gente del posto, che offre pesce alla griglia accompagnato dai migliori vini dell'Alentejo e del Douro.

VITA NOTTURNA E DIVERTIMENTI

Tasca do Jaime: Un autentico locale dove poter ascoltare il vero fado nei fine settimana, dalle 16:00 alle 20:00.

Cinemateca Portuguesa: Un luogo dedicato alla proiezione di film indipendenti, d'autore, internazionali e classici del cinema.

Ulysses Speakeasy: Un locale microscopico e accogliente che serve delizioso bourbon, birre artigianali e un ottimo espresso.

Wine with a View: Un bar mobile su un tuk-tuk che offre una selezione di vini portoghesi con vista sul fiume Tago.

MUSEI E GALLERIE

Piuttosto che vantarsi dei suoi tesori, Lisbona preferisce sussurrarne. Eppure, da secoli, la città ha raccolto una vasta collezione di opere d'arte che riposano silenziosamente in musei poco affollati. Qui si possono ammirare sculture di Rodin, dipinti dei grandi maestri olandesi, opere di Dürer e di Warhol, così come memorabilia legate al fado e azulejos, entrambi simboli del ricco patrimonio artistico del Portogallo.

ANTICHITÀ E ARTI DECORATIVE

Museu de Artes Decorativas: un piccolo scrigno di tesori in un palazzo del XVII secolo. Esplorate la raffinata collezione di porcellane Qing, argenti francesi e altri oggetti d'arte decorativa provenienti da diverse epoche e culture.

Museu Calouste Gulbenkian: una vera e propria miniera di capolavori provenienti da tutto il mondo. Ammirate manufatti egizi, dipinti di maestri come Rubens e Rembrandt, gioielli di René Lalique e molto altro ancora. Un'esperienza imperdibile per gli amanti dell'arte.

Museu Nacional de Arte Antiga: un impareggiabile museo d'arte antica che vanta una collezione unica di opere d'arte. Lasciatevi incantare da dipinti di Dürer, calici tempestati di pietre preziose e paraventi giapponesi, solo per citarne alcuni. Un viaggio attraverso la storia dell'arte che non vi deluderà.

Casa-Museu Medeiros e Almeida: una favolosa collezione privata poco conosciuta, allestita in una villa art nouveau. Un'occasione unica per ammirare opere d'arte, mobili d'epoca e oggetti curiosi in un'atmosfera intima e suggestiva.

ARTE MODERNA

Museu Coleção Berardo: un vero e proprio paradiso per gli amanti dell'arte moderna e contemporanea. Ammira opere di Pop Art e Cubismo di artisti del calibro di Warhol, Picasso e Lichtenstein. Una collezione straordinaria che vi lascerà senza fiato.

Museu Nacional de Arte Contemporânea do Chiado: un convento trasformato in uno splendido museo che ospita opere di artisti portoghesi e internazionali, tra cui Rodin e Jorge Vieira. Un luogo suggestivo dove immergersi nella bellezza e nell'emozione dell'arte moderna.

Museu Calouste Gulbenkian: Propone una selezione di opere d'arte del XX e XXI secolo, con artisti come Hockney, Gormley e Paula Rego. Un'occasione imperdibile per ammirare la creatività e l'innovazione degli ultimi decenni.

PATRIMONIO STORICO

Museu do Fado: sintonizzatevi sulle note del fado, la musica popolare portoghese, in un museo dedicato a questa tradizione unica e commovente.

Museu de Marinha: esplorate l'epoca delle grandi scoperte portoghesi tra palle di cannone, tesori di naufragi e mappe antiche. Un museo imperdibile per gli amanti della storia e del mare.

Museu Nacional dos Coches: lasciatevi incantare dalle fiabesche carrozze esposte nelle ex scuderie reali. Un viaggio nel tempo tra sfarzo e opulenza.

Museu do Oriente: ripercorrete i primi passi del Portogallo in Asia in un museo ricco di oggetti d'arte e manufatti provenienti da terre lontane.

Museu Nacional do Azulejo: immergetevi in 500 anni di storia attraverso le meravigliose piastrelle dipinte, vere e proprie opere d'arte che raccontano la cultura portoghese.

PUNTI PANORAMICI

Come Roma, Lisbona sorge su sette colli: una caratteristica che regala alla città una cornice di belvedere naturali e una varietà di panorami mozzafiato.

Certo, le salite possono mettere alla prova il vostro fiato, le calçada, le tipiche strade acciottolate, s'inerpicano ripide verso le vette dei colli. Ma ogni sforzo è ricompensato dalla vista che si apre da ogni miradouro (belvedere affacciato sulla città).

Lisbona vista dall'alto è bellissima: tetti rossi ovunque, il fiume Tago che scorre e il grande Castello di São Jorge.

MIRADOUROS DEL BAIRRO ALTO

Miradouro de São Pedro de Alcântara: Un giardino pensile alberato, con diverse fontane che zampillano allegramente. Da un lato, la vista si perde sul maestoso Castello di São Jorge e sul fiume Tago che scorre sinuoso.

Miradouro de Santa Catarina: Scendete verso il fiume, e verrete accolti da un'atmosfera magica. Musicisti di strada diffondono melodie incantevoli, artisti di strada dipingono scorci suggestivi, mentre famiglie e coppie si godono la vista mozzafiato. Al tramonto, lo spettacolo diventa ancora più emozionante.

MIRADOUROS DI ALFAMA E GRAÇA

Miradouro da Senhora do Monte: Situato sul punto panoramico più alto di Lisbona, questo luogo offre una vista spettacolare, con il castello che si staglia in tutta la sua bellezza tra gli alberi di pino, regalando scenari da cartolina.

Miradouro de Santa Luzia: Una terrazza incantevole, adornata da azulejos e bougainvillee, che domina i suggestivi quartieri dell'Alfama e della Baixa.

BAR CON VISTA

Lost In: Un caffè incantevole, nascosto tra le vie di Lisbona, dove potrete assaporare un tocco d'India e godere di una magnifica vista sul castello.

Go A Lisboa: Un moderno bar con vista panoramica sulla città, apprezzato sia dai visitatori che da coloro che lavorano in smart working.

Hotel Mundial Rooftop Bar: Il luogo ideale per rilassarsi tra divani bianchi, sorseggiare bevande fresche, immergersi nei ritmi jazz e godere di una splendida vista sul castello.

> **Consigli Utili**
>
> Volete fare una sosta? In molti miradouros si trovano chioschi di stuzzichini e bevande. E non andateci soltanto di giorno: di sera, quando la città viene illuminata, i miradouros sono semplicemente fantastici.

FUORI ALL'APERTO

Lisbona, a prima vista, potrebbe non apparire come una città verde. Eppure, tra le sue mura storiche e le sue vivaci colline, si nasconde un polmone verde, ricca di parchi curati, giardini botanici e placide piazze costellate di fontane e alberi.

Per gli amanti della natura, una passeggiata nei giardini botanici è un'esperienza imperdibile. Qui, potrete immergervi in un'oasi di pace e tranquillità, circondati da una varietà di piante e fiori provenienti da tutto il mondo.

Nelle giornate d'estate, il lungofiume rappresenta il luogo ideale per respirare la brezza fresca dell'Atlantico. Passeggiando o andando in bicicletta, potrete ammirare alcuni degli edifici simbolo della città, come la Torre di Belém e il Monastero Dos Jerónimos.

Le piazze della città, veri e propri salotti all'aperto, sono il luogo perfetto per rilassarsi all'ombra di un vecchio albero e godersi l'atmosfera vivace della città.

Lisbona è una città che sa sorprendere: non solo offre un'incredibile varietà di attrazioni storiche e culturali, ma anche angoli di verde inaspettati, dove rigenerarsi e immergersi nella natura.

VICINO AL MARE

Lisbona non è solo una città ricca di storia e cultura: a pochi chilometri dal centro, infatti, si possono scoprire splendide spiagge dove rilassarsi sotto il sole e praticare sport acquatici. Un treno da Cais do Sodré vi porta in circa 40 minuti sulla costa dell'Atlantico. Scegliete la baia che più vi piace e godetevi il mare in tutta tranquillità.

Amate il movimento? Noleggiate una bicicletta alla stazione e pedalate lungo la costa fino alle ville di Estoril, una località balneare risalente all'Ottocento.

Per gli amanti degli sport acquatici, Praia do Guincho, a 9 km a nord-ovest di Cascais, è il luogo ideale per praticare surf, kitesurf e windsurf. Che siate in cerca di relax o di adrenalina, la costa di Lisbona ha qualcosa da offrire a tutti.

PASSEGGIATE

Ribeira das Naus: Una splendida passeggiata sul lungofiume di Lisbona, completamente rinnovata e reinventata.

GIARDINI BOTANICI

Jardim Botânico: Un gioiello verde situato a nord del Bairro Alto, dove si possono ammirare la prosperità dei gerani di Madeira, i magnifici jacaranda e i maestosi fico magnolioidi.

Jardim Garcia de Orta: Un incantevole parco situato vicino al fiume, arricchito da una varietà di piante esotiche, tra cui l'albero del drago e il frangipani.

PIAZZE

Jardim do Príncipe Real: Un luogo incantevole dove la gigantesca chioma di un cedro messicano offre ombra alla piazza, al parco giochi e a un accogliente caffè, creando un'atmosfera di serenità e relax.

Praça do Comércio: La maestosa piazza che si affaccia sul fiume, icona immortalata su migliaia di cartoline, incanta con la sua grandiosità e la sua vista mozzafiato.

PER I BAMBINI

Lisbona è una città a misura di bambino, dove la quotidianità si trasforma in un'avventura divertente. La colazione con i pastéis de nata (le sfogliatine di crema pasticcera), diventa un momento di gusto e scoperta. I tram e le funicolari offrono un viaggio emozionante attraverso le suggestive vie della città.

Il Castello di São Jorge, con le sue mura merlate e la vista panoramica, è un vero e proprio castello delle fiabe. A Belém, i bambini possono immergersi nelle storie dei grandi navigatori portoghesi, visitando il Monastero Dos Jerónimos e la Torre di Belém.

I parchi in riva al fiume Tago, come il Jardim das Nações e il Parque Eduardo VII, offrono ampi spazi verdi per giocare e correre. E per una giornata di mare, le spiagge di Cascais e Estoril sono facilmente raggiungibili in treno.

Lisbona è una città che sa sorprendere grandi e piccini, con la sua combinazione di storia, cultura, natura e divertimento.

COSA FARE CON BAMBINI APPRESSO

Lisbona è una meta ideale per le famiglie, con numerose attrazioni e servizi pensati per il divertimento dei più piccoli. Dall'ingresso gratuito o scontato in molti musei e siti turistici, al lettino aggiuntivo in camera, spesso gratuito negli hotel, la città offre diverse agevolazioni per le famiglie.

Certo, il caratteristico acciottolato può rendere un po' faticoso spostarsi con un passeggino, ma la città è ben servita da un sistema di mezzi pubblici efficiente e accessibile, con i bambini sotto i quattro anni che viaggiano gratis. I ristoranti di Lisbona sono accoglienti con i bambini, e la "meia dose" (mezza porzione) è l'ideale per soddisfare il loro appetito.

Con la sua vivacità e accoglienza, Lisbona è una città dove le famiglie possono vivere una vacanza indimenticabile.

DIVERTIMENTI INTERATTIVI PER I BAMBINI

Pavilhão do Conhecimento: Un centro interattivo dove la fisica diventa finalmente un argomento divertente, coinvolgendo i visitatori in esperienze coinvolgenti e stimolanti.

Oceanário: Nel secondo acquario più grande d'Europa, squali, lontre marine e una varietà di pesci colorati nuotano liberamente, offrendo ai visitatori un'esperienza straordinaria.

Castelo de São Jorge: Questo imponente castello offre bastioni da esplorare e racconta una storia avvincente, trasportando i visitatori nel passato e offrendo una vista spettacolare sulla città di Lisbona.

MUSEI

Museu de Marinha: Immersi tra numerosi modelli di barche, i bambini possono intraprendere un viaggio di scoperta tutto loro, esplorando il mondo marittimo in maniera avvincente.

Museu da Marioneta: I bambini rimarranno affascinati dalle marionette di questo museo, che sembra un'incantevole bottega di Geppetto, pronte a prendere vita e a raccontare storie avvincenti.

Museu Nacional dos Coches: Questo museo presenta carrozze reali, che sembrano uscite direttamente da una fiaba, trasportando i visitatori in un mondo incantato come quello di Cenerentola.

SPAZI VERDI

Jardins d'Água: Il divertimento nei giardini acquatici del Parque das Nações è all'ordine del giorno, dove l'acqua è la protagonista assoluta.

Jardim da Estrela: Un tranquillo parco caratterizzato da laghetti, anatre e un'area giochi a tema animale, ideale per trascorrere momenti di relax immersi nella natura.

TOUR

Lisbona è una città ricca di storia e cultura, il che la rende un luogo ideale per un tour a piedi. Sono disponibili molti tour diversi, ognuno dei quali offre una prospettiva unica sulla città.

Alcuni dei tour a piedi più popolari di Lisbona sono:

Tour in Bicicletta per Lisbona: Esplorate i mitici sette colli di Lisbona in sella a una bicicletta elettrica, guidati da un esperto ciclista, attraverso i vecchi quartieri dell'Alfama e della Mouraria. Avrete l'opportunità di incontrare residenti locali, godervi panorami mozzafiato e assaggiare prelibatezze portoghesi.

Escursione Afro-Lisbonese: Unica nel suo genere, questa passeggiata a piedi per Lisbona svela la storia delle relazioni con l'Africa e le attuali attività commerciali gestite da persone di origine africana.

Gastronomia di Quartiere a Lisbona: Filipa Valente, appassionata buongustaia lisbonese, organizza tour gastronomici concentrati su zone meno turistiche come Campo de Ourique e Mouraria.

Culinary Backstreets: Célia Pedroso, coautrice di Eat Portugal, guida affascinanti passeggiate culinarie a Lisbona. Durante queste esperienze, avrete l'opportunità di assaporare deliziosi ginjinha (liquore all'amarena), pastéis de nata (tartellette alla crema) e formaggi a base di pecora i quali vengono abbinati a vini locali.

We Dislike Tourism Tours: Un'esperienza unica vi attende a bordo di un UMM (fuoristrada portoghese in passato utilizzato dall'esercito).

Tour in Bicicletta per Lisbona: Esplorate la città in bicicletta con un tour di tre ore e mezza che va da Marquês de Pombal a Belém, completamente in discesa.

Escursioni di Lisbona a Piedi: Questa agenzia offre interessanti passeggiate tematiche attraverso la capitale, disponibili in diverse lingue e condotte da guide altamente competenti.

Tour HIPPOtrip: Godetevi un tour vivace della durata di 90 minuti che vi porterà alla scoperta di Lisbona e del fiume Tago (Rio Tejo), sia via terra che via acqua, a bordo di un veicolo anfibio!

Si consiglia vivamente di prenotare i tour con largo anticipo specialmente nei periodi più affollati.

VIAGGIO ECOLOGICO

Consigli per un viaggio sostenibile a Lisbona:

1. Scegli una sistemazione eco-sostenibile: opta per hotel, ostelli o appartamenti che si impegnano per la tutela dell'ambiente, come quelli che utilizzano energie rinnovabili o riducono al minimo i rifiuti.

2. Usa i mezzi pubblici: Lisbona ha una rete di trasporti pubblici efficiente e conveniente. Usa tram, autobus e metro per spostarti in città, evitando di noleggiare un'auto.

3. Cammina o vai in bicicletta: Esplora la città a piedi o in bicicletta per immergerti nei suoi quartieri e goderti il ritmo locale.

4. Assaggia la cucina locale: Frequenta ristoranti e bar che propongono piatti tipici portoghesi, preparati con ingredienti freschi e di stagione, provenienti da produzioni locali.

5. Acquista prodotti artigianali: Sostituisci i souvenir banali con prodotti artigianali realizzati da artigiani locali, in mercatini o negozietti.

6. Rispetta l'ambiente: Fai attenzione a non lasciare rifiuti per terra, usa borracce ricaricabili per evitare le bottiglie di plastica e segui le regole di riciclaggio.

7. Sostieni le attività locali: Scegli tour e attività organizzate da guide locali, piccole imprese e cooperative.

8. Impara qualche parola di portoghese: Interagisci con la gente del posto con il loro idioma, mostrando rispetto e interesse per la loro cultura.

9. Viaggia con consapevolezza: Informati sulle iniziative di sostenibilità della città e sulle problematiche ambientali locali.

10. Fai la differenza: Con piccoli gesti quotidiani, come ridurre il consumo di acqua ed energia, puoi contribuire a un turismo responsabile e positivo.

Rimanete aggiornati sulle ultime notizie di Lisbona consultando il giornale online indipendente "A Mensagem", disponibile solo in portoghese.

QUATTRO GIORNI PERFETTI

GIORNO 1

Cominciate la vostra giornata a bordo del tram **28E**, partendo da Praça do Comércio. Il viaggio su questo storico tram vi regalerà scorci pittoreschi della città. Scendete al Castelo de São Jorge e salite sui bastioni per ammirare una vista mozzafiato su Lisbona.

Fate una pausa pranzo da O Velho Eurico, un ristorante tipico dove assaporare la cucina portoghese autentica. Poi, immergetevi nei vicoli suggestivi dell'Alfama, il quartiere più antico della città, perdendovi tra labirinti di case e botteghe storiche.

Salite al Largo das Portas do Sol per un caffè con vista panoramica sulla città e sul fiume Tago. Immergetevi nella musica tradizionale portoghese al Museu do Fado, dove potrete conoscere la storia e l'anima di questo genere musicale.

Nel pomeriggio, visitate la Sé de Lisboa, una cattedrale imponente che ricorda una fortezza. Passeggiate per le vie pedonali della Baixa, il centro storico di Lisbona, e dedicatevi allo shopping tra negozi caratteristiche e boutique.

Salite in cima all'Arco da Rua Augusta per godere di una vista strepitosa dall'alto del centro storico. Concludete la vostra giornata nell'incantevole quartiere dell'Alfama, ascoltando le note del fado al Mesa de Frades, un locale intimo e suggestivo.

Con questo itinerario, avrete la possibilità di vivere un primo giorno a Lisbona ricco di emozioni, immergendovi nella sua storia, cultura e bellezza.

GIORNO 2

Svegliatevi presto e immergetevi nella magica atmosfera di Belém al sorgere del sole. Fate colazione all'Antiga Confeitaria de Belém, assaporando i famosi "pastéis de nata" ancora caldi dal forno, mentre la città si risveglia.

Passeggiate lungo il fiume Tago respirando l'aria fresca del mattino e ammirando la luce dorata che illumina i monumenti. Visitate il Mosteiro dos Jerónimos, un capolavoro di architettura manuelina, e lasciatevi catturare dalla sua bellezza.

Salite sulla Torre de Belém per una vista panoramica mozzafiato sulla città e sul fiume. Godetevi il silenzio e la tranquillità di questo momento magico, prima che la folla dei turisti invada il quartiere.

Proseguite la vostra giornata con un pranzo raffinato al ristorante Feitoria, oppure scegliete uno dei tanti bar e ristoranti sul lungomare per gustare un pasto con vista.

Dedicate il pomeriggio alla scoperta degli altri musei di Belém, oppure rilassatevi in riva al fiume o prendete un traghetto per visitare l'altra sponda del Tago.

In serata, tornate in centro per una cena tipica in uno dei tanti ristoranti di Lisbona, oppure immergetevi nella vita notturna del Bairro Alto.

Con questo itinerario, potrete vivere un'esperienza unica a Belém, unendo la scoperta dei suoi tesori artistici al fascino di un'alba sul fiume.

Consigli utili

Alzatevi presto e andate a Belèm per evitare la folla di persone.

Scattate fantastiche fotografie del luogo al tramonto.

Indossate scarpe comode per camminare.

Assaggiate i piatti tipici portoghesi nei ristoranti locali.

Godetevi la vita notturna di Lisbona.

GIORNO 3

Trascorrete la mattina immersi tra le esclusive vetrine e i raffinati caffè del Chiado. Esplorate le affascinanti proposte di souvenir e regali presso A Vida Portuguesa e Apaixonarte, quindi dirigetevi verso le suggestive rovine del Convento do Carmo.

Per il pranzo, concedetevi un'esperienza straordinaria presso il rinomato Bairro do Avillez.

Nel pomeriggio, prenotate una piacevole passeggiata guidata o un tour gastronomico, oppure dirigetevi al moderno Parque das Nações per una rilassante corsa sul Teleférico o una visita allo straordinario Oceanário de Lisboa.

In serata, lasciatevi tentare dalle delizie culinarie multietniche offerte dal Cantinho do Aziz. Infine, concedetevi una serata di divertimento sfrenato sulla pista del Lux-Frágil.

GIORNO 4

Tuffatevi nel quarto giorno con una visita al Museu Nacional de Arte Antiga, che vanta una delle migliori collezioni d'arte di Lisbona. Successivamente, dirigetevi verso il Museu do Oriente per ammirare i tesori dell'Asia. Fate una passeggiata tra i negozi e i locali della LX Factory e scegliete dove fermarvi per il pranzo.

Nel pomeriggio, esplorate la Baixa: passeggiate nella Praça do Comércio, visitate il Núcleo Arqueológico da Rua dos Correeiros e il Lisbon Story Centre.

Per cena, concedetevi un delizioso pasto a base di pesce al Solar dos Presuntos. Dopo, fate tappa per un cocktail in un locale situato nel Barrio Alto oppure godetevi la vista dalla terrazza sul tetto del Park.

BREVE RECAP INFORMATIVO

Valuta

Euro (€)

Lingua

Portoghese.

Documenti

I cittadini dell'UE e svizzeri devono essere muniti di carta d'identità valida per l'espatrio o passaporto (in corso di validità).

Bancomat e carte

Gli sportelli bancomat sono ampiamente diffusi. Le carte di credito sono generalmente accettate, tuttavia alcuni piccoli negozi e ristoranti preferiscono il pagamento in contanti.

Telefoni cellulari

I cellulari europei funzionano in Portogallo. È consigliabile acquistare una SIM card locale per ridurre i costi del roaming.

Fuso orario

Lisbona si trova sul fuso orario GMT/UTC (1 ora indietro rispetto all'Italia).

Mance

Se siete soddisfatti del servizio, è consuetudine lasciare una mancia del 5-10%.

BUDGET GIORNALIERO

Economico: (con meno di 65€)

Letto in dormitorio: da €18 a €35

Pasti con menu a prezzo fisso: da €7 a €12

Lisbona card (per trasporti pubblici): €21

Medio: (da €65 a €120)

Camera doppia in hotel: da €60 a €120

Pasti in ristorante di fascia media: da €20 a €35

Tour della città (bici o a piedi): da €15 a €35

Alto: (più di €160)

Camera in hotel di lusso: a partire da €120

Cena da tre portate con vino: a partire da €60

Serata in un locale a Fado: da €50

I prezzi s'intendono a persona, e a notte.

PROGRAMMARE PER TEMPO

Un mese prima: Prenotate escursioni, ristoranti di lusso e biglietti per opera e teatro. Consultate il sito ufficiale di promozione turistica, ricco di informazioni.

Visitlisboa.com

Due settimane prima: Acquistate i biglietti dei concerti e prenotate un tavolo in un locale a fado. Per la storia antica di Lisbona, cercate informazioni su Lisboa Romana e ReMapping Memories.

Lisboaromana.pt

Qualche giorno prima: Scoprite cosa c'è in programma sull'Agenda Cultural Lisboa e imparate a conoscere i vini portoghesi

Viniportugal.pt

All'arrivo a Lisbona

La maggior parte dei visitatori arriva all'Aeroporto di Lisbona (Humberto Delgado), situato a 8 km a nord-est della città. L'aeroporto è il principale punto d'ingresso per coloro che visitano la capitale portoghese. I collegamenti con il centro sono frequenti e convenienti. Il mezzo più veloce per raggiungere il centro è la metropolitana o l'autobus, entrambi disponibili proprio di fronte alla sala arrivi. La rete di trasporto pubblico di Lisbona è efficiente e offre un'opzione comoda per esplorare la città e i suoi dintorni.

Dall'Aeroporto di Lisbona

Destinazione	Miglior mezzo di trasporto
Marquês de Pombal e Avenida da Liberdade	Metropolitana, autobus N. 744
Rossio e Restauradores	Metropolitana, autobus N. 744
Praça do Comércio	Metropolitana
Cais do Sodré	Metropolitana
Oriente	Metropolitana, autobus N. 708

Trasporti locali

La rete dei trasporti pubblici a Lisbona è efficiente e offre un ottimo rapporto qualità-prezzo. Per consultare gli orari, i percorsi e le tariffe, è possibile visitare i siti web dedicati.

Metropolitana

La metropolitana è particolarmente utile per raggiungere luoghi come l'aeroporto, Oriente e Marquês de Pombal. Il servizio è attivo dalle 6:30 all'1:00 e il costo del biglietto è di €1,65 (a corsa), che è valido anche per l'utilizzo su autobus e tram.

Tram

I tram sono un modo pittoresco per viaggiare attraverso gli antichi quartieri della città, con un costo del biglietto di €3 (a corsa).

Autobus

Per raggiungere i quartieri più distanti, l'autobus è la scelta migliore, con un costo del biglietto di €2 (a corsa).

Bicicletta:

Per un'alternativa più ecologica, è possibile utilizzare il sistema di bike sharing della città chiamato Gira che conta attualmente 48 stazioni, con altre in fase di sviluppo.

I QUARTIERI DI LISBONA

SCOPRIRE LISBONA

BAIRRO ALTO E CHIADO

Due quartieri, due anime differenti. Il Chiado invita a immergersi nello shopping nelle sue boutique esclusive, a esplorare le gallerie d'arte e a prendersi una pausa nei suoi caffè storici. Il Bairro Alto, dall'atmosfera più vivace e festaiola, offre un labirinto di vicoli disseminati di negozi alla moda, piccoli bar e locali che si animano fino a tarda notte.

Proseguendo verso sud, si arriva a Cais do Sodré, che ha trasformato la sua reputazione da quartiere dai toni rossi a un epicentro della movida notturna, offrendo una vasta gamma di locali e bar alla moda.

In primo piano

Mercado da Ribeira: Deliziarsi in una delle migliori destinazioni culinarie gourmet d'Europa.

Igreja e Museu São Roque: Ammirare gli interni sontuosi, ricchi d'oro, marmo e piastrelle fiorentine, in questa chiesa gesuita del XVI secolo.

Convento do Carmo e Museu Arqueológico: Restare senza fiato di fronte ai resti sopravvissuti al terremoto del 1755, esposti all'aria aperta.

Elevador da Glória: Salire fino al belvedere di Miradouro de São Pedro de Alcântara su questa storica funicolare, uno dei punti panoramici più suggestivi di Lisbona.

Trasporti

Le linee verde e blu della metropolitana fanno fermata a Baixa-Chiado; la linea verde estende il suo percorso fino a Cais do Sodré.

I tram 15E e 18E fermano a Cais do Sodré, mentre il tram 25E fa fermata in Rua de São Paulo. Il tram 28E è ls soluzione più comoda per raggiungere Santa.

L'autobus N° 758 (Cais do Sodré-Benfica) effettua fermate all'Elevador da Glória e a Príncipe Real.

DA NON PERDERE

Le rovine a cielo aperto del Convento do Carmo

Il convento, eretto nel 1389 per ospitare l'ordine dei carmelitani in una posizione panoramica rispetto alla città, fu quasi completamente raso al suolo dal terribile terremoto del 1755. Rimasti come uno scheletro, gli archi e i pilastri in rovina sono ora completamente esposti agli elementi naturali.

Nel XIX secolo, il gusto romantico per le rovine diede un'aura di fascino alla sua desolazione, impedendo così il suo completo restauro. Successivamente, si decise di trasformare il sito nelle attuali vestigia musealizzate, dando vita all'attuale Museo Archeologico.

Navata

La navata, ora all'aperto, è un'esperienza evocativa disseminata di reperti preziosi: dalle pietre tombali alle statue, dalle fonti battesimali agli stemmi araldici. Da non perdere sono la loggia rinascimentale di Santarém, la bifora manuelina del Mosteiro dos Jerónimos, la stele funeraria ebraica del VI secolo e la statua barocca di San Giovanni Nepomuceno, originaria del vecchio ponte di Alcântara.

Cappella Principale

Immediatamente dopo l'ingresso al museo archeologico ci si trova nella cappella principale, adornata con tre pannelli barocchi di azulejos, le caratteristiche piastrelle dipinte a mano. Qui sono custodite le tombe di Nuno Álvares Pereira, fondatore del convento per commemorare la vittoria portoghese nella battaglia di Aljubarrota (1385), e di Fernão Sanches (inizio XIV secolo), con una scena di caccia al cinghiale raffigurata sulla lapide.

Tesori Precolombiani

La sala 4 ospita una straordinaria collezione di reperti precolombiani, tra cui statue azteche, ceramiche chimú, vasellame zoomorfo inca e tre mummie - una egizia, piuttosto deteriorata, e due peruviane del XVI secolo, che offrono uno sguardo suggestivo al passato. Gli azulejos bianchi e blu decorano la sala con scene della Passione di Cristo.

Reperti Preistorici

Nella sala 1 farete un viaggio nel tempo fino alla preistoria, ammirando bifacciali paleolitici, vasellame neolitico, oggetti funerari megalitici e manufatti eneolitici come pesi da telaio.

Collezione Romana e Moresca

Nella sala 2 troverete una vasta esposizione di reperti romani, tra cui pietre miliari, stele funerarie e sarcofagi, accanto a manufatti più recenti come una fibbia visigota del VI secolo. La collezione moresca medievale è caratterizzata da due imponenti colonne ornate con un fregio raffigurante un leone e dei grifoni.

Consigli utili

Per ottenere le foto più belle del convento che si erge sulla collina, dirigetevi verso Rossio.

Durante l'estate, sulle pareti del convento viene proiettato "Lisbona Sotto le Stelle", un video immersivo che narra la storia del Portogallo.

Ogni giorno sono disponibili visite guidate gratuite della durata di 30 minuti in varie lingue: per maggiori informazioni, chiedete in biglietteria.

Una pausa

Assaggiate l'idromele portoghese e i petiscos (stuzzichini/tapas) come il chorizo flambé alla taverna medievale Trobadores, a un paio di minuti a piedi.

Sul retro del convento, il Carmo rooftop shakera e mescola i suoi cocktail su un prato con vista mozzafiato sull'ascensore di Santa Justa e sul Castelo de São Jorge.

ITINERARIO A PIEDI

I bar di Cais do Sodré

Per moltissimo tempo le vie di Cais do Sodré sono state frequentate da marinai che cercavano compagnia e sorseggiavano whisky, ma nel 2011 il quartiere ha subito un processo di rinnovamento. La Rua Nova do Carvalho è stata dipinta di rosa e le (ragazze poco di buono) sono state allontanate, tuttavia, è rimasta intatta quell'atmosfera decadente e da zona marginale che contribuisce al fascino di Lisbona. Questo rende il quartiere il luogo ideale per esplorare i bar fino a tarda notte.

Da Sapere

Inizio: A Tabacaria; Fermata Cais do Sodré

Fine: A Pensão Amor; Fermata Cais do Sodré

Lunghezza: 1 km

Tempo: 2-3 h circa

Cocktail personalizzati

Iniziate la serata in modo rilassato presso il piccolo e intimo A Tabacaria. Il barman crea cocktail personalizzati in base alle vostre preferenze, mentre potete godervi l'atmosfera vivace del locale, sia all'interno che all'esterno.

Sosta al chiosco

Fate una breve sosta al Quiosque de São Paulo per gustare una ginjinha (liquore all'amarena) o un bicchiere di jeropiga (aguardiente mescolata con mosto d'uva). Se avete fame, potete provare alcuni petiscos preparati dallo chef della Taberna da Rua das Flores.

Tapas di pesce in scatola

Il minuscolo Sol e Pesca, un tempo un negozio di attrezzature da pesca, offre un'esperienza unica. Potete scegliere tra una varietà di conserve, come sardine, tonno e altro pesce in scatola, e gustarle con pane, olive e vino in compagnia.

Le stelle nascenti del fado

Povo è il posto ideale se volete vivere un'esperienza autentica di fado. Ogni mese, un fadista diverso si esibisce qui, in un ambiente senza palco. I petiscos vengono serviti mentre ascoltate le promettenti giovani voci del fado.

Locale dal design suggestivo

Se il nome Pensão Amor non vi dice nulla, lo faranno i graffiti piuttosto esplicti sulle pareti e gli interni dal colore scarlatto. Si tratta di uno spazio artistico trasformato da un antico locale a luci rosse, con un bar dall'atmosfera chic che serve cocktail creativi. All'interno troverete un labirinto di stanze con sedili di velluto, palo per esibizioni di pole dance e molto altro ancora.

Il locale ospita concerti, DJ set, spettacoli teatrali e recital di poesia. Nei fine settimana potreste dover fare la coda, ma l'attesa sarà sicuramente ripagata.

DA VEDERE

Chiesa e Museo São Roque

La facciata modesta della Chiesa di São Roque, costruita nel XVI secolo e fondata dai gesuiti, nasconde interni sontuosi decorati con oro, marmo e piastrelle fiorentine, frutto delle ricchezze provenienti dal Brasile. La Cappella de São João Baptista è particolarmente impressionante, con la sua ricca decorazione in ametista, alabastro, lapislazzuli e marmo di Carrara. Il museo accanto alla chiesa ospita una vasta collezione di arte sacra e reliquie.

Museo Nazionale d'Arte Contemporanea do Chiado

Nei magnifici spazi del Convento de São Francisco, il Museo do Chiado espone nella sua collezione permanente opere del XIX e XX secolo, oltre a presentare interessanti mostre temporanee.

Miradouro de São Pedro de Alcântara

Salite sul vecchio Elevador da Glória dalla Praça dos Restauradores oppure fatevi una camminata lungo la ripida Calçada da Glória per raggiungere questo splendido punto panoramico, arricchito da fontane e statue greche. Un chiosco con tavolini all'aperto offre vino, birra e spuntini da gustare ammirando il castello. A volte ci sono performance musicali dal vivo.

Punto Panoramico Miradouro de Santa Catarina

Studenti che suonano strumenti musicali, hippy che si godono la natura, famiglie che passeggiano con i loro bambini e coppie romantiche si riuniscono in questo punto panoramico nella zona di Santa Catarina. La vista spazia su un lungo tratto del fiume, fino al Ponte 25 de Abril e al Cristo Rei.

Ascensor da Bica

Dal 1892, questa funicolare si arrampica lungo la ripida e stretta Rua da Bica de Duarte Belo. Salite a bordo per evitare la fatica e ammirare le viste sul Tago e sulle case dai colori pastello.

Convento dos Cardaes

La facciata bianca e anonima di questo convento del XVII secolo, segnata da graffiti, cela una chiesa adornata da piastrelle bianche e blu e decorazioni in legno scolpito e dorato. Uno dei pochi edifici sopravvissuti al devastante terremoto del 1755, rappresenta un raro esempio di stile barocco portoghese a Lisbona. Le visite guidate durano circa un'ora.

Elevador da Glória

La seconda funicolare più antica della città, in funzione dal 1885, collega Praça dos Restauradores a Rua São Pedro de Alcântara. In cima, vi attende una vista mozzafiato.

RISTORANTI

Boa-Bao (Cucina Asiatica) €€

La cucina di questo ristorante alla moda vi farà viaggiare attraverso Laos, Cambogia, Malesia e Vietnam, ma le rondini di ceramica che adornano la volta ad arco in mattoni a vista sono tipicamente portoghesi.

Ao 26 Project (Cucina Vegana) €

Persino i non-vegani sono attratti da questo vivace ristorantino alla moda, dove sulla lavagna vengono elencati i piatti del giorno (come ad esempio tofu grigliato con salsa ponzu e arancia). Il menu fisso offre sostanziosi hamburger di seitan o barbabietola e panini vegani con bolo do caco (pane rotondo cotto su una pietra di basalto), accompagnati da birra artigianale di Lisbona.

Tantura (Cucina Israeliana) €

Tutto è nato da una storia d'amore: i coniugi israeliani Elad Bodenstein e Itamar Eliyahuo si sono innamorati del Portogallo durante la loro luna di miele e hanno notato che a Lisbona mancava l'hummus.

Hanno colmato questa lacuna in modo eccezionale con una vasta selezione di hummus e shakshuka, spesso arricchiti da tocchi creativi provenienti da tutto l'est Europa, un'altra chicca è che il personale è adorabile e molto cordiale.

> **Ogni anima ha il suo dessert preferito.**
>
> La passione di Lisbona per i dolci è palpabile ad ogni passo, con una pasticceria di qualità pressoché in ogni angolo della città. Tra le ristrutturate fabbriche di burro, la **Manteigaria** delizia i suoi clienti con i sublimi pastéis de nata.
>
> Presso **Landeau** invece, potrete gustare una torta al cioccolato che è semplicemente imbattibile.

Tricky's (Cucina Mediterranea) €€

Ideato dalla newyorkese Jenifer Duke e dal suo socio portoghese João Magalhães Correia, offre una combinazione irresistibile di cibi biologici deliziosi, vini naturali rari e una colonna sonora perfetta per ballare. Situato nel vivace quartiere di Cais do Sodré.

Taberna da Rua das Flores (Cucina Portoghese) €€

è un'accogliente taverna gestita da un proprietario un po' burbero ma dal cuore d'oro. Qui potrete gustare ogni giorno fantasiosi piattini a base di ingredienti locali freschi di mercato, tutti deliziosi e sempre diversi. Ricordatevi di portare contanti, poiché non accettano pagamenti con carta, e di non preoccuparvi delle prenotazioni: qui si vive l'esperienza culinaria spontanea e autentica.

Vicente by Carnalentejana (Cucina Portoghese) €€

Offre un'esperienza culinaria avvolta da un'atmosfera affascinante. Qui potrete gustare piatti preparati con prelibate carni certificate Carnalentejana DOP, provenienti dall'Alentejo, accanto a una selezione di vini, formaggi, olio d'oliva e altre delizie artigianali della regione. Il locale, ricavato da un ex magazzino di carbone, si distingue per le sue pareti in pietra, le condutture dell'aria a vista e le lampade retrò.

Alma (Cucina Portoghese) €€

E' il ristorante di punta di Henrique Sá Pessoa, rinomato chef insignito di due stelle Michelin, ed è considerato uno dei gioielli culinari del Portogallo. Offre, a nostro avviso, un'esperienza gourmet senza pari a Lisbona. L'ambiente, sebbene informale, emana una sobria eleganza con pavimenti in pietra e sontuosi tavoli in legno massiccio. Tuttavia, ciò che attira clienti da ogni angolo è la straordinaria creatività della nuova cucina portoghese di Sá Pessoa.

Bairro do Avillez (Cucina Portoghese) €€

Un'opera di José Avillez, uno dei più celebri chef del Portogallo - insignito di una stella Michelin - ha realizzato un vero e proprio gioiello culinario. Questo "quartiere" gastronomico unisce in un'unica location diverse esperienze culinarie, che vanno da una taverna tradizionale a un ristorante di pesce e frutti di mare, fino a un innovativo cocktail bar.

Pharmacia (Cucina Mediterranea) €€

Ristorante unico nel suo genere, situato all'interno di un museo farmacia. Qui la chef Susana Felicidade, ispirata dalle ricette della nonna in Algarve, offre menu degustazione e tapas dal gusto mediterraneo, preparati con ingredienti freschi di mercato. Gli stuzzichini sono serviti in provette e l'atmosfera è arricchita da vetrine piene di flaconi e ampolle, in un suggestivo "tema farmaceutico". Approfittate del dehors per gustare un cocktail all'aperto e immergervi in questa esperienza unica.

100 Maneiras (Cucina raffinata) €€€

Con la sua dimensione intima ed elegante, il 100 Maneiras ci cattura con la sua versatilità. I suoi tre menu degustazione, inclusa un'alternativa vegetariana, offrono da 10 a 17 piatti creativi e sapientemente preparati. Ogni portata è una sorpresa che rivela le radici bosniache dello chef, con un tocco di influenze portoghesi. È consigliata la prenotazione anticipata.

Collect (GastroPub) €€

È il frutto della creatività di Mariana Barosa, João Maria Girão e Bernardo Girão. Questo gastro-pub è l'ideale per chi desidera gustare un hamburger e un cocktail fino a tarda notte, ma offre anche l'opportunità di esplorare il loro negozio di dischi al piano superiore.

Bairro Alto e Chiado: la cultura del caffè

In questa zona si trovano diversi incantevoli caffè dall'atmosfera rilassata, perfetti per trascorrere qualche ora nel pomeriggio o alla sera. Il Kaffeehaus, dall'eleganza senza tempo, offre caffè e specialità austriache in un ambiente suggestivo. Per un'esperienza più bohémien, il Lost In vanta arredi indiani e ombrelloni colorati sulla sua panoramica terrazza, ideale per un drink e uno spuntino al tramonto.

> Gli amanti del caffè artigianale e dell'espresso di alta qualità troveranno la loro gioia in locali come Hello, Kristof, con il suo stile ispirato allo stile scandinavo, The Mill, una fusione australiano-portoghese, e Fàbrica Coffee Roasters, che è anche una torrefazione.

Flor da Laranja (Cucina Marocchina) €€

Autentica gemma culinaria marocchina, guidata dalla talentuosa chef Rabea Esserghini, originaria di Casablanca. Sebbene il servizio possa essere un po' lento, l'atmosfera intima e la cucina squisita vi lasceranno senza parole. Tra i piatti migliori troviamo dolma, couscous, tajine di agnello, gamberi e verdure, oltre al pollo con limone confit e la crêpe ai frutti di bosco come dessert.

LOCALI

Ressaca Tropical (Wine Bar)

E' un accogliente wine bar situato a metà strada tra il Bairro Alto e Santos, rinomato per la sua selezione di vini naturali e a basso costo. Qui potrete scoprire una vasta gamma di bottiglie provenienti da Australia, Germania e Portogallo. In questo locale vengono anche servite bevande tradizionali, come il medronho dell'Alentejo e il Poncha di Madeira, per un'esperienza gustativa completa.

Park (Bar)

Se tutti i parcheggi multipiano fossero così... Al suo ultimo piano, vi aspetta uno dei bar più trendy di Lisbona, dove potrete godervi una vista panoramica che abbraccia i tetti e i campanili della Igreja de Santa Catarina, fino al Tago. Qui potrete gustare cocktail creativi e stuzzichini gourmet mentre vi godete il panorama mozzafiato della città.

> **Il Bairro Alto dopo il calar del sole**
>
> Per lungo tempo, il Bairro Alto è stato un rifugio dal regime di Salazar, dove si praticava divertimento sfrenato. Oggi, pur senza più le "lucciole", il quartiere conserva uno spirito vivace: case ricoperte di graffiti ospitano negozi alla moda, locali e piccoli bar. Di giorno sembra tranquillo, ma di notte si anima con luci accese, serrande alzate e taxi che sfrecciano tra i vicoli. Per gustare appieno l'atmosfera, basta seguire la musica, bere birra (al costo anche di 1€) per strada e fare nuove amicizie: la notte qui è sempre giovane.

Pavilhão Chinês (Bar)

Bar che ricorda la dimora di un collezionista, con modellini di Spitfire che decorano il soffitto e vetrine contenenti maschere veneziane e pupazzi di Action Man. Potete giocare a biliardo o accomodarvi in una delle confortevoli poltrone per gustare una birra o un cocktail preparato con cura (a partire da €10). Sebbene i prezzi siano più alti rispetto ad altri locali, l'atmosfera kitsch di classe ha il suo valore aggiunto.

O Bom O Mau (Cockail Bar)

Accogliente cocktail bar situato all'interno di un'affascinante palazzo in stile retrò. Le diverse sale sono arredate con mobili d'epoca e opere d'arte contemporanea, mentre i DJ offrono una varietà di generi musicali tra cui funk, soul, acid jazz e ritmi vintage, attirando una clientela eclettica e socievole, spesso più intellettuale rispetto alla media del quartiere.

Noobai Café (Bar)

Rinomato per la sua vista mozzafiato, ottimi cocktail e atmosfera vivace. Situato sul Miradouro de Santa Catarina, è il luogo ideale per un aperitivo al tramonto. Con un'atmosfera rilassata e funky jazz in sottofondo, godetevi il panorama magico sul fiume Tago mentre sorseggi un cocktail.

Capela (Bar)

Un bar che conserva tracce del suo passato, con una leggenda che lo vuole una cappella gotica. Oggi, propone musica sperimentale, elettronica e funky house, attirando una clientela giovane e alla ricerca di qualcosa di alternativo. Affreschi, dipinti rinascimentali e antichi lampadari contribuiscono a creare un'atmosfera unica.

Loucos & Sonhadores (Bar)

Bar dallo stile informale e fumoso, un rifugio dal caos delle strade circostanti. L'arredamento kitsch, i popcorn gratuiti e la musica di vario genere creano un'atmosfera accogliente, ideale per trascorrere del tempo in piacevole compagnia.

Musa da Bica (pub)

Filiale del birrificio Musa a Marvila, offre una selezione delle loro migliori birre provenienti dai 15 fusti diversi. I nomi delle birre, spesso sono giochi di parole a tema musicale, come Eye of the Lager, Born in the Ipa o Saison O'Connor, aggiungono un tocco divertente all'esperienza. Unitevi alla folla che riempie le strade circostanti e godetevi una birra fresca.

Discoteca Jamaica (Club)

Club inclusivo che attrae una variegata clientela di tutte le età e orientamenti. Animato dai DJ nel weekend, offre una miscela di reggae, hip-hop e musica retro, creando un'atmosfera vibrante e divertente per tutti i presenti.

Duque Brewpub (Pub)

Primo pub birrificio di Lisbona, dove potete trovare 12 birre portoghesi alla spina, alcune delle quali prodotte in loco con il marchio Duque, seguendo la vera tradizione. Ogni partita è diversa e offrono anche birre artigianali come quelle di Dois Corvos.

Tasca Mastai (Bar)

Un originale bar e caffetteria gestito da italiani, che si distingue dagli altri locali del Bairro Alto per la sua autenticità. La sua lunga lista di ottimi spritz, tra cui l'Hugo ai fiori di sambuco, è da provare. Situato in un piccolo angolo, il locale dispone di vecchi tavolini da cucito e sgabelli realizzati con rotoli di cartone. Le bruschette sono un accompagnamento ideale per i cocktail.

DIVERTIMENTI

Zé dos Bois (Musica dal Vivo)

Zé dos Bois è un locale sperimentale che si tiene al passo con le nuove tendenze musicali e dello spettacolo. Con un cortile adornato da graffiti, offre un variegato programma di concerti, mostre, film e spettacoli teatrali.

Fado in Chiado (Musica dal Vivo)

Ogni sera, in questo piccolo teatro, viene allestito uno spettacolo di fado di altissimo livello, con due cantanti - un uomo e una donna - e due chitarristi. Lo spettacolo inizia presto e dura circa 50 minuti, permettendovi di cenare successivamente.

Teatro Nacional de São Carlos (Teatro)

Il Teatro Nacional de São Carlos merita una visita anche solo per ammirare la sua sontuosa sala dorata, con visite guidate disponibili su prenotazione al costo di €8. Oltre agli spettacoli di lirica, danza classica e musica da camera, durante l'estate potrete godere dei concerti gratuiti del Festival ao Largo sulla piazza antistante il teatro.

Alface Hall (Musica dal Vivo)

Alface Hall è un bar nel Bairro Alto che vi farà sentire come se foste tornati indietro nel tempo, con una parete ricoperta di LP e una motocicletta d'epoca. Qui potrete ascoltare jazz e blues mentre, dal giovedì al sabato dalle 20 in poi, si alternano i DJ.

Real Fado (Musica dal Vivo)

Real Fado offre al fado una nuova piattaforma. Ogni settimana, questa iniziativa locale propone spettacoli di fado in luoghi diversi di Príncipe Real, dalle sale del palazzo ottocentesco di Embaixada alle cisterne sotterranee. Gli spettacoli combinano artisti di fama con talenti emergenti, aggiungendo un tocco moderno a questa musica tradizionale.

A Tasca do Chico (Musica dal Vivo)

Nel frequentatissimo locale A Tasca do Chico, immerso in una vivace atmosfera (consigliata la prenotazione), potrete trovare sciarpe di squadre di calcio appese ovunque e una variegata clientela. Qui, tutti sono liberi di esibirsi nel fado. A volte, qualche taxista entra, intona un paio di canzoni e poi riparte sulla sua vettura.

SHOPPING

Lisbona Antiga (Boutique)

Immerso nella storia, questo negozio vi trasporterà indietro nel tempo con pareti decorate e vetrine in legno massello, le quai espongono artigianato, simbolo del Portogallo. Troverete le sardine Tricana nelle loro belle scatolette retrò, e le rondini in ceramica di Bordalo Pinheiro.

> **Mercado da Ribeira**
>
> Mercato coperto di pesce, frutta, verdura e fiori sin dal 1892, il Mercado da Ribeira è diventato un punto di riferimento da quando nel 2014 Time Out ha trasformato metà del mercato in un'area dedicata alla ristorazione gourmet. Oggi rappresenta una Lisbona culinaria in miniatura, offrendo una vasta gamma di esperienze gastronomiche, dalle prelibatezze del vino di Garrafeira Nacional alle succulente bistecche del Café de São Bento, dai salumi della Manteigaria Silva alle creazioni dello chef stellato Henrique Sá Pessoa.

Loja das Conservas (Delizie in Scatola)

Apparentemente una galleria d'arte, ma in realtà un tempio dedicato al pesce in scatola (conserve), questo negozio è il risultato di un'operazione di marketing astuta e delle nuove tendenze hipster. Le scatolette retrò esposte insieme ai cartelli che raccontano la storia dei singoli stabilimenti sono vere e proprie opere d'arte gastronomiche.

Loja da Burel (Abbigliamento)

Il burel, un robusto feltro di pura lana prodotto dai pastori della Serra da Estrela, rischiava di scomparire, ma grazie a questa compagnia è stato recuperato e ora viene trasformato in capi d'abbigliamento dal taglio originale e moderno. Presso questo negozio troverete coperte, borse, giacche, cappelli e oggetti per la casa, tutti realizzati con questo tessuto colorato e particolare.

Claus Porto (Bellezza d'Epoca)

Anche se la sede principale è a Porto, a Lisbona potrete trovare una suggestiva boutique di Claus Porto, uno dei marchi portoghesi più rinomati. Le splendide confezioni vintage di saponi, lozioni e quaderni di lusso riproducono eleganti motivi art déco e belle époque, recuperati dagli archivi della casa madre.

Esplorando le Vie del Chiado

In Rua do Carmo, troverete gioiellerie e negozi antichi come Luvaria Ulisses. Rua Garrett è piena di librerie, gelaterie e pasticcerie. Rua Dom Pedro V e Príncipe Real offrono moda portoghese, antiquariato e design. Di notte, nel Bairro Alto, troverete concept store e boutique aperte. Da non perdere anche Rua do Diário de Notícias.

SHOPPING

Fábrica Sant'Ana (Artigianato)

Dal 1741, la Fábrica Sant'Anna produce azulejos dipinti a mano, vere opere d'arte per decorare le vostre pareti. Scoprite la tradizione portoghese e portate a casa una piastrella di ceramica unica.

Cork & Company (Articoli da Regalo)

Scoprite l'infinita versatilità del sughero in questo elegante negozio. Qui troverete una vasta gamma di prodotti sostenibili, dai portafogli alle chaise longue, tutti realizzati con questo materiale eco-friendly.

Livraria Bertrand (Libreria)

Fondata nel 1732, la Livraria Bertrand è la libreria più antica del mondo ancora in attività. Offre una vasta selezione di libri in diverse lingue, incluso inglese, francese e spagnolo, garantendo una preziosa risorsa per gli amanti della lettura.

Apaixonarte (Design)

Apaixonarte è un negozio di design che vanta una varietà di oggetti per la casa e accessori moda, tutti realizzati in Portogallo. Ogni mese, il negozio ospita mostre di artisti locali, aggiungendo un tocco di creatività. Troverete saponi, stampe e piccoli oggetti decorativi ideali come souvenir.

El Dorado: (Abbigliamento Vintage)

Immergetevi nell'atmosfera retrò di El Dorado, dove potrete trovare abiti vintage e da discoteca per tutte le occasioni. Esplorate stampe psichedeliche, tacchi vertiginosi e gonne longuette mentre la musica su vinile vi accompagna nell'avventura dello shopping.

ITINERARIO A PIEDI

Una passeggiata a Príncipe Real

Situato tra il Bairro Alto e Rato, Príncipe Real è un quartiere dallo spirito anticonformista e aperto, ideale per dedicare del tempo a esplorare mercatini, negozi d'antiquariato e boutique di moda, oppure per semplicemente godersi l'atmosfera vivace delle piazze osservando il passaggio della gente. Questa zona, popolata da artisti, stilisti emergenti, brilla di creatività e offre un'atmosfera rilassata e accogliente.

Da Sapere

Inizio: Esplanada Café; Prendere il bus N° 202 o 758

Fine: Cerveteca Lisboa; Prendere il bus N° 202 o 758

Lunghezza: 1,3 km

Tempo: 2h circa

Caffè del mattino

Cominciate la giornata con tranquillità **all'Esplanada Café**, un accogliente locale con tavoli all'aperto sotto maestosi alberi di gomma. È il luogo ideale per prendere il primo caffè del mattino e godersi l'atmosfera rilassata.

Passeggiata in piazza

Al centro del **Jardim do Príncipe Real**, un maestoso cedro secolare offre ombra naturale ai visitatori. La piazza è circondata da palme e affiancata da eleganti palazzi ottocenteschi, tra cui spicca il **Palacete Ribeiro da Cunha** al numero 26, con la sua caratteristica tonalità di rosa.

Tentazione al cioccolato

Ricaricate corpo e spirito facendo tappa da **Bettina & Niccolò Corallo**, una delle più apprezzate chocolatarias di Lisbona. Gestita da una famiglia con piantagioni di cacao e caffè a São Tomé e Príncipe, qui potrete gustare cioccolato e caffè provenienti dalle loro tenute africane di famiglia.

Birra artigianale

In Praça das Flores troverete la **Cerveteca Lisboa**, un accogliente bar specializzato in birre artigianali, sia locali che internazionali. Gestito dai simpatici proprietari Rui e Carolina, è il posto perfetto per gustare una birra fresca e rilassarsi in una delle più belle piazze della città.

BAIXA E ROSSIO

Dopo il terremoto del 1755, sorse la Baixa, il cuore pulsante di Lisbona, con eleganti palazzi, tram che si muovono tra le vie e artisti di strada che intrattengono i passanti davanti a negozi storici. La vivace Rua Augusta, via principale, collega Praça do Comércio a Rossio, dove l'atmosfera del quartiere prende vita nei piccoli bar che offrono ginjinha (liquore all'amarena) e nei caffè con tavolini all'aperto.

In evidenza

Igreja de São Domingos: Riflettete sulla tumultuosa storia di questa chiesa, fondata nel lontano 1241, considerata tra le più scenografiche di Lisbona.

Ginjinha Bar: Al calar del sole, condividete con i lisboeti bicchierini di ginjinha, il liquore tradizionale all'amarena, nei pressi di Largo de São Domingos.

Arco da Rua Augusta: Ammirate la vista sulla Praça do Comercio, il cuore pulsante della città, dall'alto di questo imponente arco di trionfo.

Ribeira das Naus: Rilassatevi lungo il rinnovato lungofiume di Lisbona con un caffè o un cocktail floreale.

Trasporti

Le stazioni principali includono Baixa-Chiado, Rossio, Terreiro do Paço e Restauradores. Da Praça da Figueira partono il tram 12E (che effettua il percorso ad anello) e il tram 15E da Algés via Alcântara a Belém.

Praça do Comércio è servita dal 18E e dal 25E; il tram 18E che va a Ajuda fino a via Alcântara e il 25E va a Campo de Ourique via Estrela. Potete prendere il tram 28E in Rua da Conceição o a Martim Moniz.

DA NON PERDERE

Esplorare Praça do Comércio

Praça do Comércio è un luogo che incarna l'anima di Lisbona. Storicamente, questa piazza ha accolto coloro che arrivavano via mare, e ancora oggi trasmette l'atmosfera vibrante della capitale portoghese. Con il suo maestoso arco di trionfo e i caratteristici portici settecenteschi, la piazza offre un'ottimo benvenuto ai visitatori. Percorrete il lungofiume, ammirate la statua equestre al centro e lasciatevi rapire dalla storia della città, incisa nella pietra che la circonda.

Scoprite l'Arco da Rua Augusta

L'Arco da Rua Augusta, eretto dopo il terremoto del 1755, è un imponente arco di trionfo adornato con figure allegoriche che rappresentano Gloria, Valore e Genio. Sulle colonne, si ergono statue di illustri personaggi come Vasco da Gama e Marco Polo. Un ascensore conduce alla terrazza panoramica, che offre una vista mozzafiato su Praça do Comércio, il fiume Tago e il castello de São Jorge.

Statua di Re Giuseppe I

Al centro della piazza sorge la statua equestre del re José I, risalente al XVIII secolo, che ricorda l'antico Palácio de Ribeira che una volta occupava questo spazio prima del terremoto.

Lungofiume

Praça do Comércio funge da elegante ingresso alle rive del fiume Tago. Lungo il pittoresco lungofiume, popolato da musicisti di strada, si trovano i moli per i traghetti e le imbarcazioni. Dall'altra parte del fiume si erge la maestosa statua del Cristo Rei, alta 110 metri.

Pátio da Galé

Lungo uno dei lati di Praça do Comércio si apre il Pátio da Galé, ovvero il cortile interno di questo ex palazzo, che dopo un imponente restauro ospita ora l'ufficio turistico, il Lisbon Shop, caffè e ristoranti.

Consigli utili

Per godere appieno dell'atmosfera della piazza, consiglio di visitarla la mattina presto, quando è ancora tranquilla e meno affollata. Per un'esperienza ancora più suggestiva, tornate di sera per ammirare i monumenti splendidamente illuminati.

Per arricchire la vostra esperienza, consiglio di partecipare a un tour guidato partendo da Praça do Comércio. Questa piazza è il punto di partenza di numerose escursioni in barca e passeggiate guidate, che vi permetteranno di scoprire meglio la città e i suoi dintorni.

Momenti di gusto e semplicità

Dedicatevi una pausa gustosa da Fragoleto per assaporare un gelato all'italiana cremoso e realizzato con ingredienti sostenibili, anche in gusti insoliti.

Per uno spuntino rapido e delizioso, fermatevi da Nova Pombalina: in soli 60 secondi, o anche meno, potrete gustare i deliziosi panini di leitão (maialino al latte) preparati sul momento, perfetti da gustare sul posto o da portare via.

DA NON PERDERE

Un viaggio nella storia al Núcleo Arqueológico di Rua dos Correeiros.

A Lisbona, talvolta i progetti edilizi si interrompono a causa di scoperte archeologiche. Tuttavia, è ancora più raro trovare reperti risalenti a 2500 anni fa, come avvenne all'inizio degli anni '90 durante la costruzione di un parcheggio. Da allora, i visitatori vengono condotti attraverso le viscere dell'edificio per scoprire i segreti delle antiche civiltà.

Resti archeologici

Durante l'inizio del tour, la guida offre un contesto storico utilizzando mappe e disegni interattivi. In una stanza con il pavimento in vetro, i visitatori possono vedere i tre strati di fondamenta di epoche diverse. In questa sezione, i manufatti esposti aiutano a comprendere le ragioni per cui Lisbona ha attirato numerosi coloni, come il fertile letto del fiume e l'abbondanza di pesce. Le sardine, ad esempio, erano fondamentali per la preparazione del pregiato garum, una salsa di pesce esportata dai Romani.

Segni della storia

Nella seconda parte del tour, i visitatori scendono sottoterra attraverso una stretta scala, esplorando i vari livelli di fondamenta che rivelano i diversi periodi storici di Lisbona: dagli insediamenti fenici e comunità islamiche, all'Impero Romano e alla ricostruzione post-terremoto del 1755. Tra i reperti ci sono focolari dell'età del ferro.

Antiche abitazioni urbane

Prima di uscire attraverso la sala delle mostre temporanee, i visitatori possono ancora osservare i resti di ciò che probabilmente era una grande e ricca casa romana, costruita lungo una strada ormai scomparsa. Dal piano ammezzato, sono visibili le profonde vasche in pietra per i bagni caldi e freddi.

Consigli utili

Esplorate il passato romano di Lisbona scansionando il codice QR di Lisboa Romana sul marciapiede adiacente all'ingresso. Qui potrete scoprire ulteriori dettagli sulla storia antica della città.

Sotto la vicina Rua da Conceição si celano le antiche Gallerie Romane. Due volte all'anno, precisamente ad aprile e a settembre, questo sito, gestito dal Comune di Lisbona, apre le sue porte ai visitatori, offrendo loro l'opportunità di immergersi nell'antichità della città.

Una pausa

Recatevi presso Nicolau Lisbona per gustare la colazione in un'atmosfera vintage e raffinata, immersi nei toni rilassanti del verde acqua.

Alla sera, sollevate i calici lungo il fiume Tago al Quiosque Ribeira das Naus.

ITINERARIO A PIEDI

Baixa: Un salto nel passato

Fin dall'ultimo scorcio dell'Ottocento, i tram che gracchiano e le funicolari color limone si arrampicano per le ripide strade che circondano Baixa e Rossio. Esplorando i vicoli lastricati, si incontrano lucida scarpe all'opera, negozi di specialità locali, piccole botteghe, pasticcerie vintage e bar di ginjinha, che offrono un sorso di nostalgia in un bicchierino.

Da Sapere

Inizio: Praça dos Restauradores; Fermata Autobus Restauradores

Fine: Ginjinha; Fermata Autobus Rossio

Lunghezza: 2,2 km

Tempo: 2h circa

Resti Granitici

Affascinanti da ammirare, resistenti da calpestare, i ciottoli a mosaico di Lisbona si sono levigati nel corso dei secoli. Cercate la statua del Calceteiro nella Praça dos Restauradores: un bronzo raffigurante un lastricatore con il martello in mano, in omaggio a coloro che hanno posato i ciottoli della città.

Alimentari tradizionali

Fate la spesa nella Praça da Figueira e nella Manteigaria Silva, che da oltre un secolo offre prosciutto, formaggio, vino e baccalà.

Caffè e dolci

La Confeitaria Nacional vanta una tradizione dolciaria risalente al 1829, con prelibatezze a base di uova, mandorle, macarons e pastéis de nata.

Specialità portoghesi

Di ritorno verso Rossio, fate tappa da Manuel Tavares, un negozio con vetrine in legno che dal 1860 attrae i passanti con prosciutti pata ne*ra, formaggi stagionati, ginjinha e altre delizie.

Pesce in scatola

In Rua dos Bacalhoeiros (la "via dei pescatori") si trova la Conserveira de Lisboa, un negozio del 1930 che vende unicamente pesce in scatola (merluzzo, tonno e pesce spada) in irresistibili confezioni retrò. La proprietaria anziana e suo figlio gestiscono il negozio utilizzando una cassa d'epoca e avvolgono i prodotti in carta marrone.

Un liquore al tramonto

Modaioli, anziani signori, impiegati e turisti si riuniscono da A Ginjinha per gustare il celebre liquore all'amarena.

DA VEDERE

Lisboa Story Centre (Museo)

Esplorate la storia di Lisbona in un viaggio di 60 minuti, dall'antichità ai giorni nostri. Un'audioguida e postazioni multimediali vi condurranno attraverso i momenti chiave, come la scoperta del Nuovo Mondo e il terremoto del 1755, seguito dalla massiccia ricostruzione.

Igreja de São Domingos (Chiesa)

Chiesa barocca fortunatamente sopravvissuta al terremoto del 1755, e di un brutto incendio del 1959, la chiesa fu fondata nel 1241. L'interno, con pilastri e pareti che recano ancora tracce dell'incendio, ha un fascino vagamente inquietante. Fuori dalla chiesa è presente una statua commemorativa del massacro antisemita del 1506.

Ribeira das Naus (Lungofiume)

Sempre molto frequentata, la passeggiata lungofiume che va da Praça do Comércio a Cais do Sodré regala ampie vedute del Tago ed è un bellissimo posto per camminare, rilassarsi, leggere, andare in bicicletta o sorseggiare un caffè al chiosco. È quanto di più simile a una spiaggia cittadina si possa trovare a Lisbona.

Carpintarias de São Lázaro (Centro Culturale)

Questo centro culturale, situato nel cuore di Mouraria, offre un variegato programma di mostre, eventi artistici, concerti e performance di danza. Molte di queste attività si svolgono nel rooftop bar Miradouro de Baixo, che si trova in una vecchia carpenteria su tre piani, salvata da un incendio e anni di abbandono.

Rossio (Piazza)

Praça Dom Pedro IV, che tutti chiamano semplicemente Rossio, è in fermento 24 ore al giorno. Lustrascarpe, venditori di biglietti della lotteria, artisti di strada e impiegati ne attraversano il selciato dal motivo a onde, tra le belle fontane e la statua di Dom Pedro IV (il primo imperatore del Brasile), su un alto piedistallo di marmo.

Cristo Rei

Visibile da quasi ogni angolo della città, la statua del **Cristo Rei**, con le braccia aperte e un'altezza di 110 metri, si erge maestosa sul panorama di Lisbona. Questa imponente struttura, una versione leggermente elaborata del famoso **Cristo Redentor**e di Rio de Janeiro, fu eretta nel 1959 come segno di gratitudine verso Dio per aver risparmiato il Portogallo dagli orrori della seconda guerra mondiale. Oltre alla sua importanza religiosa, offre ai visitatori l'opportunità di salire sulla sua piattaforma panoramica tramite un ascensore, regalando uno spettacolare panorama sulla città e sul fiume Tago. Una tappa irrinunciabile per chi desidera ammirare Lisbona da un'angolazione unica e suggestiva.

Praça da Figueira: il cuore vivace di Lisbona

La Praça da Figueira è un'animata piazza circondata dal traffico cittadino, abbracciata da maestosi palazzi di stile pombalino e da caffè all'aperto che offrono viste mozzafiato sul Castelo de São Jorge. Al centro domina la statua di Dom João I, celebre esploratore del XV secolo, oggi preso di mira dai piccioni e dai giovani skateboarder che sfidano la legge di gravità.

Museu do Dinheiro: un viaggio nella storia delle monete

Immergetevi nella storia delle monete presso il Museu do Dinheiro, allestito dal Banco de Portugal. Qui potrete ammirare il magnifico restauro degli interni della chiesa di São Julião, con un investimento di 34 milioni di euro, e una sezione delle mura medievali della città risalenti al XIII secolo, lunghe 30 metri, scoperte nel 2010 nella cripta della chiesa. Esplorate il Núcleo de Interpretaçao da Muralha de Dom Dinis e lasciatevi affascinare dalla storia del denaro e delle antiche mura di Lisbona.

RISTORANTI

Bonjardim (Cucina Portoghese) €€

In questo locale senza fronzoli, viene servito un succulento pollo allo spiedo con una generosa porzione di patatine fritte, aggiungendo una nota di vivacità con la salsa piccante piri-piri. Durante l'estate, il dehors affollato sul marciapiede è il luogo perfetto per gustare questa prelibatezza.

Pinóquio (Cucina Portoghese) €€

Situato in un angolo della piazza, il vivace ristorante Pinóquio è un vero e proprio ritrovo per gli amanti della cucina tradizionale. Con tovaglie bianche e pareti verdi, qui gli indomiti camerieri servono una vasta gamma di piatti tipici, tra cui riso con anatra, riso con baccalà e gustose braciole di maiale con mandorle e coriandolo.

Mi Dai (Cucina Cinese) €

Uno dei tesori nascosti di Lisbona per quanto riguarda ristoranti convenienti si trova probabilmente a Martim Moniz. Questo locale, con un'atmosfera che ricorda un refettorio e dove si accettano solo pagamenti in contanti, rappresenta uno dei ristoranti cinesi più autentici della città. Qui non troverete un menu fisso: i clienti hanno la libertà di scegliere gli ingredienti da far saltare in padella wok, accompagnati da un contorno di riso bianco. Se siete indecisi, il riso cantonese è sempre una scelta vincente.

Tasca Kome (Cucina Giapponese) €€

Questa ristorante giapponese è uno dei pochi luoghi a Lisbona che offre una vera cucina giapponese. Anche se il menu non è estremamente vasto, propone deliziosi sushi, tonkatsu (cotolette di maiale impanate), pollo allo zenzero e svariati piatti del giorno a prezzi convenienti, che combinano diverse influenze culinarie.

Pizzeria Romana al Taglio (Pizzeria) €

Una filiale della famosa pizzeria romana, questa pizzeria offre una vasta selezione di pizza al taglio in 25 deliziose varianti, moltissime sono inoltre le varianti vegetariane e vegane. Tra le preferite ci sono la Cuor di latte, la Diavola e la Boscaiola. Un trancio di pizza da qui è l'ideale per un gustoso spuntino.

Delfina Portuguesa (Cucina Portoghese) €€

Situato nell'hotel boutique Alma Lusa, questo ristorante incarna lo spirito autentico della cucina portoghese, offrendo una selezione di piatti classici ad esempio il baccalà sminuzzato con cipolle, uova e patate servite inoltre ricette tradizionali rivisitate, come una lunga lista di insolite açordas.

Panorami strepitosi

Se la maestosa struttura in ferro battuto dell'Elevador de Santa Justa vi sembra familiare, potrebbe essere perché questa splendida opera neogotica è stata progettata da Raul Mésnier, un ex allievo di Gustave Eiffel. Unico è l'ascensore su strada di Lisbona, inaugurato nel lontano 1902 e alimentato a vapore fino al 1907. Collega il quartiere della Baixa al Bairro Alto e gode di una vista mozzafiato sulla città: è consigliabile arrivare presto per evitare le lunghe code. Alcuni lo chiamano anche Santa Injusta per via del prezzo salato del biglietto, che ammonta a €5,15. Tuttavia, potete risparmiare €3,50 se entrate dall'alto (dietro il Convento do Carmo, passando per il ristorante Bellalisa).

Kin (Cucina Asiatica) €€

Nel cuore del centro commerciale Martim Moniz, adiacente alla terrazza panoramica, si trova questa accogliente lounge asiatica. Qui potrete assaporare piatti thailandesi, vietnamiti e cinesi, mentre un maestoso drago domina il soffitto. La maggior parte delle proposte a base di noodles e riso si sposa perfettamente con cocktail che armonizzano i gusti dolci e speziati delle pietanze.

Solar dos Presuntos (Cucina Portoghese) €€€

Nonostante la vetrina adornata dai presuntos (prosciutti) affumicati, questo ristorante è celebre anche per la sua cucina a base di frutti di mare. Iniziate con un antipasto di salumi (il pata ne*ra) (prosciutto stagionato), paio (salsiccia affumicata) e formaggio, per poi deliziare il palato con piatti come l'açorda con l'aragosta, la paella del pescadores o il curry ai crostacei.

Terraço Editorial (Cucina Portoghese) €€

Sul tetto del negozio di utensili da cucina Pollux, un tempo sottovalutato, sorge questo locale con vista sui monumenti di Lisbona, tra cui spiccano l'iconico Elevador de Santa Justa e le rovine del Convento del Carmo. Oggi è un bar/ristorante che offre un menu di petiscos e una ricca selezione di vini.

IL TERREMOTO CHE SCONVOLSE LISBONA

La devastazione di una città fiorente

Immaginatevi la Lisbona dei primi anni del Settecento: il Portogallo ha appena scoperto l'oro in Brasile, i mercanti si riversano in città per commerciare in oro, spezie, sete e gioielli, e la città è un magnifico esempio di architettura manuelina. Al centro si erigono la Baixa e il regale Palácio da Ribeira che domina il Terreiro do Paço (Praça do Comércio).

Cinquant'anni dopo, alle 9.40 del 1° novembre 1755, festa di Ognissanti, tutto cambiò. Ci furono tre scosse molto potenti che devastarono la città mentre gli abitanti celebravano la messa, scatenando un incendio ancora più devastante e uno tsunami. Gran parte della città crollò come tessere di un domino: palazzi, biblioteche, musei d'arte, chiese e ospedali furono rasi al suolo. Secondo le stime, persero la vita 90.000 persone su una popolazione di 270.000 abitanti.

Il Rinascimento della Baixa: Architettura Pombalina

Ad entrate nella maestosa piazza geometrica dedicata a Sebastião de Melo, meglio noto come Marquês de Pombal. In qualità di primo ministro di João I il Marquês de Pombal si dedicò anima e corpo alla ricostruzione della città, mantenendo la promessa di "seppellire i morti e guarire i vivi". Dopo la tragedia, questo autorevole statista non solo risollevò le sorti del paese, immerso nel caos economico, ma contribuì anche a portare Lisbona nell'era moderna.

In collaborazione con gli architetti e gli ingegneri militari venuti in soccorso, giocò un ruolo cruciale nella ricostruzione della città, optando per edifici semplici, a basso costo e antisismici, dando così vita alla griglia ortogonale che caratterizza ancora oggi la città: fu così che nacque lo stile pombalino. Contrariamente al rococò, l'architettura pombalina è sobria e funzionale: l'uso di azulejos (piastrelle dipinte a mano) e decorazioni fu limitato, si preferirono materiali prefabbricati e si diede priorità a vie e piazze spaziose.

Il miglior esempio di questo stile è la Baixa Pombalina, il quartiere situato a nord e a sud da Praça do Comércio, che dal 2004 è in lizza per diventare Patrimonio dell'Umanità dall'UNESCO.

LOCALI

Rooftop Bar (Bar)

Sedetevi a un tavolo sulla terrazza panoramica dell'Hotel Mundial e godetevi la vista mozzafiato. Con il suo bancone retroilluminato, divani bianchi e musica ambientale, questo luogo offre l'atmosfera perfetta per gustare un drink serale e un piatto da condividere.

TOPO Martim Moniz (Cockatil Bar)

Questa magnifica lounge all'ultimo piano regala una vista mozzafiato sulla vivace Praça Martim Moniz e sull'intera città. Dispone di panche di legno all'aperto e di un'accogliente sala al chiuso, dove è possibile gustare cocktail (da €8 a €14), caffè e spuntini. Il tutto accompagnato da una vivace colonna sonora, spesso curata da un DJ.

Fábrica Coffee Roasters (Caffetteria)

Lasciatevi alle spalle i ristoranti turistici lungo il tratto pedonale di Rua das Portas de Santo Antão e scoprite questo autentico tempio del caffè. L'ambiente è accogliente, con pareti in mattoni a vista, pavimenti in parquet e arredi vintage. Potrete scegliere tra una varietà di arabica monorigine provenienti da Brasile, Etiopia e Colombia, tutte tostate in loco e preparate secondo diverse tecniche.

> **Locali di Ginjinha**
>
> All'ora del tramonto, i bar del quartiere di Ginjinha vengono animati da persone che si concedono un sorso del liquore all'amarena, provatelo per rendere unica la vostra serata in compagnia di questi non più giovani marinai. Il luogo d'origine di questa dolce delizia, la cui ricetta fu rivelata da un frate dell'Igreja de Santo Antonio a un imprenditore di liquori chiamato Gioel Espinheira. Nella zona ci sono altri bar da esplorare. Con poco più di €1 potrete ordinare una ginjinha sem (senza) o com (con, la mia preferita) le amarene nel bicchierino. È un piacevole modo per iniziare o concludere la serata.

Bar Rossio (Cocktail Bar)

Un roof garden perfetto per gustare un caffè o un (cocktail da €9 a €17) mentre la città si illumina. Dalle 12:30 a mezzanotte potrete scegliere dal menu di petiscos portoghesi (le crocchette di coda di bue con senape fatta in casa sono particolarmente consigliate) e piatti leggeri d'ispirazione giapponese preparati con ingredienti di stagione.

DIVERTIMENTI

Teatro Nazionale di Dona Maria II

Il Teatro Nazionale di Dona Maria II a Rossio ha una programmazione variegata, ma a volte incostante a causa dei finanziamenti incerti. Le visite guidate sono disponibili il lunedì alle 11, tranne ad agosto, al costo di €8. Potreste anche visitare il vicino Museo Nazionale di Arte Contemporanea del Chiado per un'altra esperienza culturale.

SHOPPING

Typographia (Negozio D'abbigliamento)

Con filiali a Porto e Madrid, è uno dei migliori negozi di T-shirt in Europa. Ogni mese propone un nuovo assortimento di magliette originali, disegnate da creativi locali (€23,95).

Soma Ideas (Prodotti Artigianali)

L'iconografia tradizionale portoghese viene reinterpretata in chiave moderna in questo originale negozio di souvenir. Tazze da caffè colorate, ceramiche e opere d'arte incorniciate: non rimarrete delusi dai vostri acquisti!

Espaço Açores (Gastronomia)

In questo fantastico negozio, potrete assaporare le isole delle Azzorre sotto forma di miele, formaggi, conserve, liquori e, si dice, tè prodotto nella più antica piantagione in Europa.

Manteigaria Silva (Gastronomia)

Specializzata nel meglio del meglio e attiva dal 1900 questa gastronomia a conduzione familiare vende prosciutto portoghese.

Inquisizione portoghese

La maestosa grandezza neoclassica del Teatro Nacional de Dona Maria II non suggerisce nulla del suo oscuro passato come Palácio dos Estaus, che fu la sede dell'Inquisizione portoghese fin dal 1540. Coloro che venivano giudicati colpevoli di eresia, stregoneria o di essere eb*i subivano pubbliche esecuzioni in Praça Dom Pedro. Anche se fu Dom João III, noto come il Pio, a istituire l'Inquisizione nel 1536, la persecuzione degli eb*i risale a molto prima; è sufficiente cercare la Stella di David di fronte alla Igreja de São Domingos, luogo di un sanguinoso massacro antisemita nel 1506.

Lisbon Shop (Articoli da Regalo)

Situato nel complesso pombalino del Pátio da Galé, questo negozio offre una vasta selezione di souvenir, dalle T-shirt con i tram alle tazze con il galletto e alle specialità gastronomiche. È gestito da Ask Me Lisboa, il punto di riferimento pubblico per il turismo a Lisbona.

ITINERARIO A PIEDI

Dalla Baixa a Santa Catarina

Lo shopping nella Baixa, con i suoi negozi d'epoca, le visite ai musei del Chiado e i tramonti magici di Santa Catarina, offre un itinerario che tocca molti dei luoghi più affascinanti del centro. Questa passeggiata riesce a dipingere un quadro vivido della storia della città, attraverso le numerosissime piazze, gli edifici pombalini eretti dopo il terremoto del 1755 e i caffè dal sapore letterario, frequentati un tempo da Fernando Pessoa e altri poeti.

Da Sapere

Inizio: Praça do Comércio; Fermata Terreiro do Paço

Fine: Santa Catarina; Fermata 28E

Lunghezza: 4,5 km

Tempo: 3 h e 30 min circa.

Praça do Comércio

Rappresenta il punto d'ingresso nella città per chi arriva dal fiume, con i tram che scorrono lungo le maestose facciate, gli eleganti portici e la statua equestre di Giuseppe I. Fatevi un giro da **ViniPortugal** per una degustazione di vini portoghesi a soli €3.

Rua Augusta

Attraversate l'imponente **Arco da Rua Augusta** per immergervi nella vivace atmosfera di quest'arteria principale, animata da artisti di strada e da persone che si dedicano allo shopping. Non dimenticate di esplorare anche le stradine laterali, come la suggestiva **Ruada Conceição**.

Elevador de Santa Justa

Una volta giunti in Rua de Santa Justa, svoltate a sinistra e dirigetevi verso **l'Elevador de Santa Justa**, unico ascensore neogotico della città. Dalla piattaforma panoramica potrete godere di una vista mozzafiato; oppure proseguite per circa 100 metri fino ai **Terraços do Carmo**.

Praça da Figueira

Tornate indietro lungo Rua de Santa Justa in direzione est e svoltate a nord in Rua da Prata, continuando fino a **Praça da Figueira**, dove potrete ammirare il castello dall'angolazione bassa. La piazza è circondata da caffè e negozi d'antiquariato.

Rossio

Proseguite in direzione di **Rossio**, una delle piazze più grandi e affascinanti di Lisbona, con il caratteristico pavimento a onde, le fontane, il teatro neoclassico e la stazione **Estação do Rossio** in stile neomanuelino.

Largo do Carmo

Ai piedi della stazione ferroviaria, la **Calçada do Carmo** sale verso il Chiado, passando per il suggestivo Largo do Carmo, dove gli alberi di jacaranda offrono riparo ai tavolini all'aperto dei caffè e alla fontana Chafariz do Carmo del XVIII secolo. Dominano la piazza le suggestive rovine del **Convento do Carmo**, con i suoi archi in pietra rimasti intatti.

Casa do Ferreira das Tabuletas

Attraversata la piazza, lungo Rua da Trindade si staglia la **Casa do Ferreira das Tabuletas** (1864), con i suoi **azulejos trompe l'œil** che rappresentano suggestive figure allegoriche.

Rua Serpa Pinto

Seguite questa strada verso sud, passando davanti al **Teatro Nacional de São Carlos**, l'elegante palazzo d'opera del Settecento, e poco più avanti al **Museu do Chiado** dedicato all'arte moderna.

Santa Catarina

Svoltate a destra e seguite il percorso dei tram lungo l'affascinante **Rua de São Paulo** fino a raggiungere l'**Ascensor da Bica** del 1892. Proseguite lungo Rua Marechal Saldanha fino al **Miradouro de Santa Catarina** e lasciatevi incantare dalla vista del fiume al tramonto.

DA NON PERDERE

Viaggiare con calma a bordo del Tram 28E

Il Tram 28E occupa un posto d'onore nell'elenco dei desideri di ogni visitatore, e con buona ragione. Da Praça Martim Moniz a Campo de Ourique, questo affascinante tram d'epoca offre una corsa di 45 minuti ricca di panorami mozzafiato e emozionanti salite. Per un'esperienza meno convenzionale, potete esplorare altri percorsi tra le colline di Lisbona. In entrambi i casi, vi aspetta un tour indimenticabile attraverso la città.

Partendo dalla **Praça Martim Moniz**, il **tram 28E** percorre i viottoli stretti di **Graça** prima di scendere oltre la **Sé** (cattedrale). Scendete in **Largo das Portas do Sol** per ammirare un meraviglioso panorama della città, oppure salite brevemente fino al **Castelo de São Jorge**. Rilassatevi mentre il tram attraversa i vicoli della **Baixa pombalina** e poi riprende la salita verso **Praça Luís de Camões**, la cui pavimentazione è un mosaico di sampietrini, al cui centro si erge la statua del celebre poeta.

Quando il tram sfiora le facciate delle case dai toni pastello e quelle decorate con azulejos lungo **Calçada da Estrela**, vedrete emergere il neoclassico **Palácio da Assembleia da República** e poco dopo la **Basílica da Estrela**. Rimanete a bordo fino alla fine del percorso (**Campo de Ourique**) e poi fate una passeggiata nel **Cemitério dos Prazeres**: inaugurato nel 1833, presenta molte tombe monumentali e offre una vista spettacolare fino al **fiume Tago** e al **Ponte 25 de Abril**.

Percorsi alternativi in Tram

Per un'esperienza autentica, optate per i percorsi meno battuti. Il **tram Nr° 12** (nella foto) viaggia da Martim Moniz e ritorno, attraversando i miradouros Portas do Sol e Santa Luzia, e la Sé. Il tram 25 collega Praça da Figueira, attorniata da caffetterie, a Campo de Ourique. Mentre il rinnovato **tram Nr° 24** percorre la tratta dalla vivace Praça Luís de Camões a Campolide, attraversando Príncipe Real e Amoreiras.

Consigli Utili

Il tram 28E è frequentato dai borseggiatori: mantenete sempre sotto controllo i vostri effetti personali.

Per aumentare le probabilità di trovare un posto a sedere, salite sul tram da uno dei due terminali (Martim Moniz o Campo de Ourique).

Desiderate la libertà di salire e scendere quando volete? Acquistate la tessera Carris valida per 24 ore (€6,40) che vi consente di utilizzare tutti i tram e le funicolari.

Pausa

Se decidete di fare un giro nel pomeriggio, scendete dal tram 28 alla fermata di Graça e dirigetevi verso il Damas. Potete concedervi uno spuntino o sorseggiare un cocktail al ritmo della musica. Scendete dal tram 25 una fermata prima del capolinea di Campo de Ourique, vicino alla chiesa, e immergetevi nella vita locale, magari gustando un pranzo informale al Mercado de Campo de Ourique.

MOURARIA, ALFAMA E GRAÇA

La Lisbona dei vostri sogni: un castello moresco che sovrasta la collina, viuzze tortuose che si arrampicano verso splendidi belvedere e il vivace mosaico di colori delle case con i panni stesi al sole. In questa parte della città, la vita si svolge per strada: si intona il fado, le trattorie aprono per il pranzo con le grigliate e c'è un'atmosfera rilassata e autentica di quartiere ovunque.

In primo piano:

Castelo de São Jorge: Perdetevi tra le mura di questa fortezza risalente alla metà dell'XI secolo.

Alfama: Esplorate il labirinto di stretti vicoli di questa zona che è una vera macchina del tempo, ricca di atmosfera medievale e moresca.

Museu do Aljube: Acquisite un'intima comprensione della dura realtà vissuta durante la più lunga dittatura d'Europa visitando questo museo allestito all'interno di un'ex prigione per dissidenti politici.

Largo das Portas do Sol: Godetevi un momento di relax sorseggiando un caffè o un cocktail mentre ammirate la vista mozzafiato sul fiume e sui tetti rossastri dell'Alfama.

Trasporti:

Tram 28E: Percorre le vie di Mouraria e Graça. Fermate: Da Largo das Portas do Sol, e Largo da Graça.

Autobus 734: Da Martim Moniz alla stazione ferroviaria di Santa Apolónia, passando per Largo da Graça e Campo de Santa Clara.

Linea blu (Santa Apolónia): La soluzione più rapida per raggiungere i luoghi di interesse più vicini al fiume.

DA NON PERDERE

Esplorare il passato al Castelo de São Jorge

Eretto su una collina, questo imponente forte, recentemente restaurato, racconta la storia della città. Costruito nella metà dell'XI secolo durante il dominio moresco di Lisbona, la sua roccaforte era l'epicentro dell'alcáçova, la cittadella. Testimone di crociati, regnanti, prigionieri e battaglie, il castello ha vissuto un'ampia gamma di eventi, comprese incoronazioni e un devastante terremoto.

I bastioni e il giardino

All'ombra dei maestosi pini, i bastioni del castello offrono una vista panoramica mozzafiato su Lisbona. Da qui, potrete ammirare il fiume e il Ponte 25 de Abril, cogliere il contrasto tra gli ordinati isolati della Baixa e gli imponenti edifici dei quartieri moderni, e identificare i principali monumenti e piazze della città. Nel giardino circostante, i pavoni si muovono con eleganza tra le antiche rovine.

La torre di Ulisse e il periscopio

Tra le 11 torri del castello, la Torre di Ulisse racchiude una storia avvincente. In passato, questa torre custodiva gli archivi e il tesoro reale, guadagnandosi il soprannome di Torre do Tombo, poiché al suo interno venivano conservate le cose più preziose del regno.

Núcleo Museológico

Questo museo rappresenta un felice tentativo di sintetizzare le varie epoche storiche (e preistoriche) del castello attraverso una esposizione di manufatti. Tra i reperti esposti, si possono ammirare frammenti di vasellame dell'Età del Ferro, antiche anfore romane, lampade ad olio medievali, monete medievali, e piastrelle dipinte a mano del Seicento, e molto altro ancora.

Sito archeologico

Per esplorare il ricco mosaico storico del complesso del castello, immergetevi nell'atmosfera suggestiva del sito archeologico, situato in un angolo tranquillo della fortezza. Qui, potrete individuare il sito dell'insediamento del VII secolo a.C., ammirare le vestigia delle antiche abitazioni arabe risalenti alla metà dell'XI secolo, e lasciare che la vostra immaginazione vi conduca attraverso le epoche passate.

> **Consigli utili!**
>
> Partecipate a una delle visite guidate gratuite, della durata di 1 ora e 30 minuti, disponibili ogni giorno alle 10:30, alle 13:00 e alle 16:00. Ogni 20 minuti, sono disponibili tour gratuiti della Torre di Ulisse, della durata di 20 minuti.
>
> All'ingresso, assicuratevi di prendere gratuitamente la cartina e l'opuscolo informativo. Per evitare le folle, è consigliabile arrivare presto al mattino o in tarda serata.

Tornate al castello al tramonto per catturare fotografie suggestive dell'edificio illuminato

Pausa

Durante il giorno, seguite il delizioso profumo di pesce alla brace fino al Páteo 13, un locale amato dai residenti locali, situato in una vivace piazzetta dell'Alfama.

Di sera, immergetevi nell'atmosfera e assaporate autentici piatti portoghesi accompagnati da esibizioni di fado dal vivo al Tasca do Jaime, situato a Graça.

ITINERARIO A PIEDI

I vicoli dell'Alfama

L'Alfama e i quartieri circostanti di Graça e Mouraria sono tesori di vita autentica a Lisbona. Qui potrete catturare istantanee indimenticabili della vita quotidiana, passeggiare per piazze adornate di fiori, esplorare mercatini delle pulci durante il fine settimana e scoprire vicoli nascosti di sorprendente bellezza.

Da Sapere

Inizio: Miradouro de Santa Luzia; Fermata 28E

Fine: Miradouro da Senhora do Monte; Fernata 28E

Lunghezza: 5km;

Tempo: 2-3h circa.

Panorama Fluviale

L'affascinante vista sui tetti del quartiere dell'Alfama e sulle placide acque del fiume Tago invita a sostare sotto la pergola fiorita di **bougainvillea** del **Miradouro de Santa Luzia** in Rua do Limoeiro. Dietro il belvedere, si trovano pannelli di azulejos bianchi e blu che narrano le scene dell'assedio di Lisbona del 1147 e ritraggono la **Praça do Comércio** dei primi anni del XVIII secolo.

Vicoli Intorno al Castello

Poche sono le persone che esplorano i labirintici vicoli circostanti il castello, come la **Rua Santa Cruz do Castelo**, con le sue pittoresche case dai colori pastello e i minuscoli bar e negozi di alimentari. Camminando con calma, è possibile cogliere le tracce dell'antica **alcáçova** moresca, un tempo dimora dei nobili cittadini.

Ingresso nell'Alfama Araba

Il **Largo das Portas do Sol**, varco d'ingresso alla cittadella araba, regala vedute spettacolari sull'Alfama e su Graça. Oltre il mosaico di tetti rossi, spiccano la bianca cupola del **Panteão Nacional** e le maestose torri gemelle della **Igreja de São Vicente de Fora.**

Tesori Azulejos

Nascosti Scendendo lungo i binari del tram, si arriva alla Sé, l'imponente cattedrale gotica. Alle sue spalle si estende la **Rua de São João da Praça,** arricchita da presenza di caffè dalle volte a crociera, locali di fado e affascinanti facciate decorate con **azulejos,** cercate i motivi a punta di diamante al numero 88 e quelli floreali al numero 106.

Esplorazione dell'Alfama

Nel cuore pittoresco dell'Alfama, si trovano il suggestivo **Largo de São Migue**l, con la sua caratteristica cappella e la **Rua dos Remédios,** perfetta per passeggiare tra caffè accoglienti, negozi di alimentari e gallerie d'arte. Nei vicoli adiacenti si diffondono le struggenti melodie del fado, mentre gli abitanti del quartiere si riuniscono per giocare a backgammon, grigliare sardine e scambiare chiacchiere e pettegolezzi.

Il Belvedere più Alto

Per un'esperienza mozzafiato, salite fino al **Miradouro da Senhora do Monte,** uno dei punti panoramici meno conosciuti ma il più alto. Dalla piazzetta, ombreggiata dai pini, potrete godere di una vista panoramica sull'intera città.

DA VEDERE

Museu de Artes Decorativas

Situato in un affascinante palazzo del XVII secolo, il Museo delle Arti Decorative è un autentico scrigno di tesori che spaziano dagli argenti francesi a pregiatissimi vasi Qing e mobili provenienti dall'Indocina. Questa straordinaria collezione fu curata da un facoltoso banchiere portoghese, il quale iniziò a raccogliere i pezzi preziosi sin dalla giovane età di 16 anni. Il museo merita sicuramente una visita, anche solo per ammirare gli appartamenti lussuosamente decorati con affreschi, lampadari e piastrelle azulejos in stile barocco.

Museo delle Memorie di Aljube

All'interno dell'ex carcere riservato ai prigionieri politici durante gli anni della dittatura, questo significativo museo si erge come testimone, monito e memoriale imperdibile. I suoi tre piani ripercorrono un capitolo oscuro della storia, partendo dalla Ditadura Militar del 1926 fino all'Estado Novo che perdurò dal 1933 al 1974, narrando episodi sconcertanti di tortura di stato, sorveglianza, oppressione, denuncia e censura.

Museo del Fado

Il fado, nato nei quartieri popolari di Alfama, trova la sua narrazione in questo affascinante museo, che segue la sua evoluzione dalle origini operaie fino alla sua consacrazione sui palcoscenici internazionali.

Chiesa e Monastero di São Vicente de Fora

Situato nel quartiere di Graça, il Monastero di São Vicente de Fora, fondato nel 1147 e ristrutturato dall'architetto italiano Filippo Terzi alla fine del XVI secolo, racconta una storia millenaria. Sebbene colpita dal terremoto del 1755, che causò il crollo della cupola sulla sacrestia, l'imponente struttura del monastero rimase intatta, con le sue pareti decorate da intricati azulejos bianchi e blu che resistettero al tempo.

Panteão Nacional

Elevato e imponente, il luminoso Panteão Nacional è un gioiello barocco che domina il Campo de Santa Clara nel quartiere di Graça. Originariamente concepito come chiesa, oggi è un tributo agli eroi e alle eroine del Portogallo, da Vasco da Gama all'amatissima fadista Amália Rodrigues.

Cattedrale di Lisbona

La Sé, che si erge come una fortezza, è uno dei simboli più riconoscibili di Lisbona. Costruita nel 1150 sulle rovine di una moschea dopo la riconquista cristiana della città dai Mori, negli anni '30 del Novecento è stata sottoposta a un accurato restauro. La facciata austera e imponente contrasta con la quiete dell'interno, illuminato da un magnifico rosone e caratterizzato da volte a costoloni. Esplorate attorno alla cattedrale per ammirare i suoi gocciolatoi.

Museo del Teatro Romano

Il moderno Museo del Teatro Romano vi trasporterà nell'antica Olisipo (Lisbona) dell'epoca dell'imperatore Augusto. La principale attrazione sono i resti di un teatro romano, ampliato nel 57 d.C., sepolto dal terremoto del 1755 e riportato alla luce nel 1964 (l'ingresso è gratuito).

RISTORANTI

O Velho Eurico (Cucina Portoghese) €€

Come l'ex proprietario, O Eurico è una tasca vicino al Castelo de São Jorge, ora gestita da giovani chef che mantengono vive le tradizioni culinarie del locale. Il menu offre piatti classici con bacalhau e polpo, oltre a petiscos da condividere.

Santa Clara dos Cogumelos (Cucina Mediterranea) €€

Se amate i funghi, non perdete Santa Clara dos Cogumelos, un favoloso ristorante gestito da italiani all'interno del vecchio mercato di Campo de Santa Clara. Il menu offre una varietà di piatti a base di funghi, come gli shiitake biologici à bulhão pato, il risotto ai porcini e il gelato ai funghi con castagne glassate.

Prado (Cucina Portoghese) €€

Prado è rinomato per i suoi piatti a base di ingredienti biologici a km0, preparati dallo chef António Galapito. Con un'esperienza alla Taberna do Mercado di Nuno Mendes a Londra, Galapito offre piatti presentati in modo artistico che esplodono di sapori freschi e genuini, con un menu che cambia quotidianamente.

Tasca Zé dos Cornos (Cucina Portoghese) €€

Taverna gestita da una famiglia nella Mouraria, Tasca Zé dos Cornos accoglie i turisti con lo stesso calore riservato ai clienti abituali. Lo spazio è limitato, quindi ci si aspetta di Condividere il tavolo e attendere in fila per l'ingresso. Il menu offre piatti tipici a base di maiale e bacalhau grigliato sul momento, serviti in porzioni generose.

Medrosa d'Alfama (Bar) €

Nel cuore dell'Alfama, Medrosa d'Alfama è un affascinante caffè con pochi tavoli, situato in una delle più pittoresche piazze del quartiere. È il luogo ideale per gustare una birra artigianale accompagnata da chouriço grigliato, tibornos portoghesi (provate quella con formaggio di capra, noci e miele), un calice di sangria a soli €2,50 o un semplice caffè.

Chapitô à Mesa (Cucina Portoghese) €€

Situato nell'informale caffè della scuola di circo, Chapitô à Mesa offre un menu fantasioso creato dallo chef Bertílio Gomes e una vista panoramica spettacolare. Le sue moderne interpretazioni di piatti classici, come il bacalhau à Brás, la guancia di maiale con vongole e il polpo al forno con patate dolci, si abbinano perfettamente a un calice di rosso Quinta da Silveira Reserva.

Marcelino Pão e Vinho (Cucina Portoghese) €

Questo piccolo caffè ha uno spazio limitato, ma è compensato da un'atmosfera accogliente e affascinante. Troverete opere d'arte di artisti locali, serate di musica dal vivo, cappelli tradizionali appesi al soffitto e cassette di vino lungo le pareti. Marcelino Pão e Vinho offre anche sangria fresca, insalate, panini, tapas e grigliate di carne servite in tradizionali recipienti di terracotta.

Cantinho do Aziz (Cucina Mozambicana) €

Nascosto in un vicolo della Mouraria, Cantinho do Aziz è un allegro locale apprezzato per la sua eccellente cucina mozambicana. Se siete stufi di mangiare sardine e odorare di pesce, dovete assolutamente venire qui, per gustare piatti come il pulao de cabrito (curry di capretto), il chacuti de cabrito (capretto in salsa di cocco) o il Piri-Piri (zuppa piccante).

LOCALI

Outro Lado (Birra Artigianale)

Alla fine del 2018, una coppia egiziano-polacca ha preso in gestione e migliorato il Lisbeer, una delle birrerie più accoglienti di Lisbona. Outro Lado, situato vicino alla Sé, offre una selezione di 15 birre artigianali alla spina e circa 200 in bottiglia/lattina, con un'attenzione particolare ai produttori portoghesi emergenti e alle proposte più innovative provenienti da Europa, Stati Uniti e Canada.

Memmo Alfama (Bar con terrazza)

Situato nell'affascinante cuore dell'Alfama, il Memmo Alfama si erge come un origami, offrendo un'elegante terrazza panoramica sul tetto dell'hotel. È il luogo ideale per godersi un drink al tramonto, ammirando una vista spettacolare sui tetti del quartiere e sul fiume Tago (e, purtroppo, anche sul terminal dei traghetti). I cocktail sono disponibili a partire da €7,50 fino a €10.

Portas do Sol (Bar)

Situato presso uno dei punti panoramici più suggestivi di Lisbona, questo bar vanta una magnifica terrazza soleggiata, ideale per gustare un cocktail (a partire da €7) ammirando la vista sul fiume. Durante il weekend, la sala interna, dal design industriale, si anima con la musica dei DJ.

Crafty Corner (Birra Artigianale)

Crafty Corner ha spostato i suoi divani in pelle e i suoi sgabelli da Cais do Sodré a questa nuova location, nelle vicinanze della cattedrale Sé. Nonostante il trasferimento, tutto il resto è rimasto invariato: 12 varietà di birra artigianale prodotta a Lisbona e piatti semplici, il tutto in un'atmosfera rilassata, accompagnata dalla colonna sonora di classici rock e pop e, di tanto in tanto, musica dal vivo.

Copenhagen Coffee Lab (Caffetteria)

La terza e più grande filiale di questa catena danese, specializzata in caffè di alta qualità, è un'oasi perfetta per una pausa tra i pittoreschi vicoli dell'Alfama. Pur trovandosi tra le antiche mura di pietra del quartiere, il Copenhagen Coffee Lab ha un'atmosfera meno nordica e si distingue per la sua selezione di prodotti da forno, con una varietà di dolci, colazioni (a partire da €10) e panini (da €6 a €8). Il caffè qui è tra i migliori che si possano trovare a Lisbona.

Una cena dalla zia

Nell'Alfama è difficile trovare un ristorante autentico che non sia invaso dai turisti, ma c'è un'eccezione. Perfino Marcelo Rebelo de Sousa, il presidente del Portogallo, è stato attratto dalla cucina casalinga e dal carattere unico e un po' scontroso di Ti-Natércia, conosciuta affettuosamente come "zia Natércia", nel cuore dell'Alfama.

DIVERTIMENTI

Senhor Fado (Musica Live)

Un piccolo locale, illuminato da lanterne, dove si può gustare il fado vadio. In questo locale si esibiscono artisti famosi locali di questo stile musicale raffinato.

Damas

Diventato un punto di riferimento a Graça sin dalla sua apertura nel 2015. Questo locale, che comprende ristorante, bar e sala concerti, offre un mix eclettico di generi musicali, dalle esibizioni dei DJ con musica elettronica ai gruppi che propongono musica africana e indie rock. Molte delle performance sono gratuite, offrendo un'opportunità accessibile per godersi la musica dal vivo.

Tasca Bela (Musica Live)

Questo locale intimo offre serate di fado dal vivo il mercoledì, il venerdì, il sabato e la domenica; negli altri giorni della settimana, propone un variegato programma culturale che include jazz e letture di poesie. Anche se richiede una consumazione minima (€19), non è necessario spendere molto per la cena, in quanto è il tipo di posto dove si può gustare qualche stuzzichino e bere qualcosa. I concerti iniziano alle 21.30.

A Baiuca (Musica Live)

Se la serata è quella giusta, A Baiuca sembra quasi una festa di famiglia. È un locale dove si può ascoltare il fado vadio e dove il pubblico zittisce chiunque osi parlare durante le esibizioni. La consumazione minima è di €25 e il cibo non è eccezionale, ma l'atmosfera fadista è unica. È consigliabile prenotare in anticipo.

Mesa de Frades (Musica Live)

Questo luogo magico per ascoltare il fado era in origine una cappella. La sala è decorata con splendidi azulejos e offre solo pochi tavoli, oltre a un suggestivo soppalco scuro. Gli spettacoli incominciano intorno alle 22.30.

FADO

Alcuni ritengono che non ci sia modo migliore per comprendere la mentalità dei portoghesi se non immergersi nel fado, una musica malinconica ricca di intensità emotiva. Se chiedete ai locali cosa significhi "fado", otterrete risposte variegate. Infatti, più lo ascolterete, più vi renderete conto della sua vasta gamma. Come disse un fadista: "Il fado è la vita: gioia, tristezza, poesia, storia."

Origini del fado

Il fado affonda le sue radici nell'Alfama, quartiere operaio dove si intrecciano le canzoni nostalgiche dei marinai, le ballate poetiche dei mori e le melodie malinconiche degli schiavi brasiliani... Senza dubbio, il fado è una miscela di tutto questo e molto altro ancora.

L'elemento centrale in tutte le forme di fado è la saudade, un concetto portoghese difficile da tradurre, un senso di struggimento che spesso sottolinea temi come il destino, il rimorso e la solitudine. Tradizionalmente a Lisbona, il fado è cantato da un solista accompagnato da una chitarra portoghese a 12 corde e una viola.

Fadisti famosi

Sebbene il fado abbia origini nell'Alfama, è stata Amália Rodrigues (1920-1999) a portarlo al mondo grazie alla sua voce unica. La "Regina del Fado" occupa ancora un posto speciale nel cuore dei portoghesi. I fadisti contemporanei continuano a innovare il genere, magari mescolandolo con un po' di blues, tango argentino o flamenco. Tra i fadisti più celebri della nuova generazione spicca Mariza, i cui album "Concerto em Lisboa" (2007) e "Terra" (2008) sono stati nominati per i Latin Grammy.

Il fado nell'Alfama

Camminando per l'Alfama, è inevitabile udire le note del fado provenire dalle finestre aperte dei locali con luci soffuse. Le esibizioni variano dalle jam session del fado vadio, dove fadisti amatoriali si alternano nel canto, agli spettacoli dei professionisti. La bellezza del fado è soggettiva. Tuttavia, ovunque si vada, quando le luci si abbassano, tutti si riscuotono in silenzio, in segno di rispetto per la canzone dell'anima.

SHOPPING

Madalena à Janela

Negozio gestito da due amici francesi appassionati del Portogallo, che hanno creato questo negozio come omaggio all'artigianato locale. Qui potrete trovare ceramiche realizzate da artisti locali, borse e magliette che riflettono lo spirito creativo del paese.

La Feira da Ladra

È mercato delle pulci dove è possibile trovare tesori nascosti tra vecchi dischi, monete, libri di poesia e altri oggetti d'epoca. Tuttavia, bisogna fare attenzione ai propri effetti personali, poiché il nome stesso suggerisce che il mercato può attrarre anche persone poco raccomandabili.

XVIII Azulejo e Faiança

Si trova di fronte al Miradouro de Santa Luzia e si specializza in azulejos dipinti a mano, realizzati con tecniche che risalgono al XVIII secolo. Ideale per chi desidera portare a casa un pezzo unico che evoca un'atmosfera antica e affascinante.

Benamôr

Marchio portoghese di cosmetici, noto per le sue creme e saponi per le mani e il viso, confezionati in deliziose scatole art déco. Fondata nel 1925, la crema viso "miracolosa" è rimasta invariata nel tempo, diventando un'icona retrò nel mondo dei cosmetici.

Era Uma Vez Um Sonho

Allegro negozio che incanta grandi e piccini da oltre 20 anni, offrendo pupazzi di stoffa, animali di peluche, puzzle e libri illustrati, tutti realizzati a mano in Portogallo.

DA NON PERDERE

Una visita al Museu Nacional do Azulejo ci trasporta indietro nel tempo fino al 1509, quando la regina Dona Leonor fondò il Convento da Madre de Deus. In quel momento, probabilmente non poteva neanche immaginare che quel magnifico edificio sarebbe diventato un museo dedicato agli azulejos, capaci di narrare 500 anni di storia e tradizione artigianale portoghese.

Sala della Grande Veduta di Lisbona

Indubbiamente il gioiello del museo, la Grande Veduta di Lisbona dell'inizio del XVIII secolo, al secondo piano, è un capolavoro imperdibile. Il grande pannello panoramico ritrae la città prima del terremoto del 1755. Osservate i sette colli di Lisbona, il lungofiume e i monumenti del passato e del presente, dipinti sugli azulejos blu e bianchi con una straordinaria ricchezza di dettagli.

Nossa Senhora da Vida

La statua della Signora della Vita (del 500 d.c) è una delle opere più antiche e preziose del Portogallo, composta da 1498 azulejos. Ai lati, colonne avvolte dall'edera incorniciano le raffigurazioni di san Giovanni e san Luca, mentre la scena centrale mostra l'Adorazione dei pastori, il tutto adornato da punte di diamante a trompe l'œil.

Capela de Santo António

Questa cappella, situata al primo piano, è un santuario dedicato al predicatore francescano sant'Antonio da Lisbona. Commissionata da re João V, è un magnifico esempio di barocco portoghese, con pavimenti in parquet, intagli in legno elaborati e un bellissimo presepe settecentesco in terracotta.

Chiesa

La chiesa di tipico stile barocco ricamata da stucchi dorati, affreschi settecenteschi e azulejos. I cherubini sembrano volare attraverso le pale d'altare dorate, mentre il soffitto è ornato da affreschi che narrano la vita della Vergine e di Cristo. Potete ammirare i pannelli olandesi del tardo Seicento che raffigurano Mosè e il roveto ardente, i Francescani in preghiera e la Processione dei pastori.

Consigli utili

La collezione permanente è estremamente vasta: si consiglia di dedicare almeno due o tre ore per esplorarla appieno.

Sono disponibili audioguide gratuite in inglese, anche attraverso l'utilizzo dei telefoni cellulari. L'ingresso è gratuito la domenica fino alle 14:00, ma è riservato esclusivamente ai residenti.

Per risparmiare, considerate l'acquisto di biglietti combinati, come ad esempio quello che include l'accesso al Panteão Nacional (€7) o al Museu Nacional de Arte Antiga (€15).

Pausa

Il café del museo offre una selezione di spuntini e piatti principali che vanno dai €5 ai €9, serviti in un ambiente decorato con azulejos dell'Ottocento a tema culinario. Con affaccio su un cortile con giardino, è un luogo suggestivo dove gustare un caffè accompagnato da una crêpe o dal piatto del giorno.

Trasporti

Gli autobus 759 e 728 partono dal centro di Lisbona, con fermate principali a Restauradores e Praça do Comércio.

BELÉM

Sotto la brezza atlantica, tra maestosi monumenti navali e barche che solcano l'ampio estuario del Tago, Belém vi trasporterà in un tempo lontano, all'epoca dei pirati e dei grandi esploratori, quando il mondo intero era terra di conquista dell'impero portoghese. Al tramonto, quando le persone se ne vanno una luce dorata colpisce i pinnacoli del monastero angiolino, questo quartiere lungo il fiume diventa un luogo magico da scoprire.

In Evidenza

Mosteiro dos Jerónimos: Ammirate il meraviglioso chiostro manuelino all'interno di questo monastero.

Museu Coleção Berardo: Fatevi un'idea dell'arte astratta, surrealista e pop in questa collezione di respiro mondiale.

Antiga Confeitaria de Belém: Godetevi la dolce soddisfazione di mangiare un caldo pastel de Belém ripieno di crema.

Feitoria: Vivete un'avventura culinaria stellata nel tempio sul lungomare dello chef André Cruz.

Trasporti

Il tram è il mezzo più comodo, veloce e panoramico per raggiungere Belém dal centro di Lisbona. Il tram Nr 15E va dalla Piazza di Figueira a Belém, passando per via Alcântara (in circa 30 minuti). Il tram Nr 18E va dalla via di Cais do Sodré fino ad Ajuda.

Il treno suburbano di Comboios de Portugal da Cais do Sodré a Cascais passa per il centro di Lisbona e arriva a Belém in soli 8 minuti.

L'autobus 728 collega Belém e il centro di Lisbona con corse frequenti, fermando in Praça do Comércio e a Cais do Sodré.

DA NON PERDERE

Passeggiare nel Mosteiro dos Jerónimos (XVI secolo)

La creatività visionaria di Diogo de Boitaca e le ricchezze dorate del re Manuel I resero possibile la costruzione di questo magnifico monastero, fondato nel 1501 in onore di Vasco da Gama. Oggi riconosciuto come Patrimonio dell'Umanità dell'UNESCO, un tempo abitato dai monaci, che per quattro secoli si dedicarono a confortare i marinai e dandogli da bere un po' di rum.

Chiesa di Santa Maria de Belém

All'ingresso della chiesa attraverso il portale occidentale, si notano le colonne simili a tronchi che sostengono la volta in pietra, intricata di nervature a stella. I resti di Vasco da Gama si trovano sotto le volte del coro, a sinistra dell'ingresso, di fronte al famosissimo poeta Luís Vaz de Camões. Dalla galleria del coro si ha una vista panoramica dell'interno.

Chiostro

Il chiostro manuelino, realizzato in pietra dorata, è un capolavoro di intagli e decorazioni sulla natura circostante: gli archi finemente scolpiti, i pinnacoli a forma di conchiglia e le colonne tortili sono ricoperti di foglie, rampicanti e nodi. Sono evidenti i simboli dell'epoca come la sfera armillare e la croce dell'Ordine Militare dei Gonzalez. Nell'ala nord del chiostro si trova la tomba di Fernando Pessoa, il celebre poeta portoghese, traslata qui nel 1985 e realizzata dall'artista Lagoa Henriques.

Sala Capitolare e Refettorio

Rampicanti, fiori, cherubini e rilievi raffiguranti san Girolamo e san Bernardo decorano il portale della sala capitolare (XVI secolo), che ospita la tomba dello storico portoghese Alexandre Herculano. Nel refettorio con volta a crociera, i pannelli di azulejos del Settecento illustrano il miracolo della moltiplicazione dei pani e dei pesci e scene della vita di Giuseppe.

Portale Meridionale

Il portale meridionale, opera dell'architetto João de Castilho (XVI secolo), presenta la figura di Nossa Senhora de Belém (Nostra Signora di Betlemme) circondata da apostoli, profeti e angeli. Sono da notare Enrico il Navigatore, posto su un trespolo con scene della vita di san Girolamo.

Consigli utili

Nei giorni di sole, è al mattino che i raggi solari creano splendidi giochi di luce, illuminando le finestre della chiesa.

Per risparmiare un po', optate per l'acquisto della Lisboa Card se avete intenzione di visitare più di un luogo a Belém.

Per godere della tranquillità del monastero, arrivate presto al mattino o tardi nel pomeriggio.

Pausa

Acquistate un pastel de Belém presso l'Antiga Confeitaria de Belém nelle vicinanze e gustatelo nei giardini di fronte al monastero.

Il pittoresco **Banana Cafe** ha riportato in vita uno dei caratteristici tram d'epoca di Lisbona, offrendo tavolini all'ombra degli alberi. È il luogo ideale per rilassarsi con un caffè, una sangria o uno spuntino leggero.

DA NON PERDERE

Ammirare le opere d'arte del Museu Coleção Berardo

Sostenuto da José Berardo, un miliardario e collezionista d'arte, questo museo non ha nulla da invidiare alle varie Tate e Guggenheim del mondo, eppure è ancora sottovalutato.

Coprendo una vasta gamma di stili e movimenti, dal dadaismo all'arte cinetica e minimalista, dal surrealismo al concettualismo, la collezione del museo include opere di artisti del calibro di Picasso, Warhol, Yves Klein, Pollock, Miró e Lichtenstein, abbracciando così l'intero spettro dell'arte moderna e contemporanea.

Pop art britannica e americana

Immergetevi negli anni '50 e '60 esaminando le opere iconiche della pop art provenienti da entrambe le sponde dell'Atlantico. I ritratti di Judy Garland, Ten-Foot Flowers e i tipici dipinti di Andy Warhol dominano la scena. Non dimenticate di cercare anche opere come Picture Emphasising Stillness di David Hockney e Interior with Restful Paintings di Roy Lichtenstein.

Surrealismo

Ammirate le opere di Man Ray, tra cui Café Man Ray, realizzato con una tecnica mista, e Talking Picture, insieme ad altri capolavori di spicco mondiale come Le gouffre argenté del famosissimo pittore Magritte, Figure à la bougie di Joan Miró, il cupo Paysage noir di Max Ernst e Feuilles placées selon les lois du hasard di Jean Arp. Per una prospettiva diversa, date un'occhiata alle fotografie in bianco e nero di Fernando Lemos, un artista originario di Lisbona.

Scultura moderna e contemporanea

Tra le sculture che catturano l'attenzione all'esterno, segnaliamo Les baigneuses di Niki de Saint Phalle, caratterizzata da forme tondeggianti e colorate, l'astrattismo industriale di Amarração di Pedro Cabrita Reis e l'incredibile Néctar, una scultura composta da bottiglie verdi, opera di Joana Vasconcelos. All'interno, non perdetevi le sculture in bronzo di Antony Gormley, Barry Flanagan e Henry Moore.

Consigli utili

L'ingresso è gratuito per l'intera giornata del sabato.

Assicuratevi di prendere una guida gratuita all'ingresso per avere un'introduzione completa alla collezione permanente.

Consultate il sito web del museo per informazioni aggiornate sulle mostre temporanee.

Pianificate di dedicare almeno un paio d'ore al museo per poterlo apprezzare pienamente.

Una pausa

Attraversate il fiume per godervi un bicchiere di vino e uno spuntino leggero con una vista mozzafiato da À Margem. Inoltre, non perdete l'occasione di scoprire la Taberna dos Ferreiros, un'accogliente tana nascosta in un vicolo, a pochi passi di distanza, dove potrete gustare piatti portoghesi rivisitati in chiave moderna.

ITINERARIO A PIEDI

Un giro nel quartiere di Belém, con le sue spettacolari vedute sul fiume e l'incantevole architettura manuelina, vi trasporterà indietro all'epoca d'oro delle scoperte geografiche del Portogallo. Risalente al XV e XVI secolo, questo periodo vide esploratori come Vasco da Gama ed Enrico il Navigatore solcare i mari verso terre remote, ricche d'oro e spezie, a bordo di imponenti caravelle. In quei giorni, il Portogallo era solo una piccola parte dell'impero coloniale di Manuel I.

Da Sapere

Inizio: Praça do Império; Fermata N° 15, 728

Fine: Torre de Belém; Fermata N° 15, 728

Lunghezza: 2,5 km

Tempo: 1h e 30 min circa

Praça do Império

Neppure gli abitanti del posto si stancano mai della vista emozionante del **Mosteiro dos Jerónimos** e del fiume Tago da questa maestosa piazza, circondata da siepi di bosso e con una fontana al centro. Osservate i simboli dell'epoca delle scoperte, come le ancore e la croce dell'Ordine Militare, rappresentati con fiori e arbusti nei giardini. Nel 2021 è iniziato un controverso processo di restauro per trasformare questi simboli del colonialismo portoghese in composizioni di ciottoli.

Mappa marittima

Attraversando la piazza verso il lungofiume e avvicinandovi al **Padrão dos Descobrimentos**, cercate il mosaico che rappresenta le rotte dei navigatori portoghesi e le date importanti della colonizzazione, dalle Azzorre (1427) a Calcutta (1498) e oltre.

Padrão dos Descobrimentos

Come una nave con il vento in poppa, il **Padrão dos Descobrimentos** è un monumento alto 56 metri dedicato a Enrico il Navigatore e ad alcuni dei protagonisti dei grandi viaggi di esplorazione. Salite sull'ascensore (o salite i 267 gradini) per ammirare la vista panoramica a 360 gradi dal Miradouro ventoso.

Doca do Bom Sucesso

Fate una piacevole passeggiata lungo il fiume fino alla **Doca do Bom Sucesso**, dove potete contemplare le barche e i gabbiani mentre prendete un cocktail sulla terrazza del Bar 38° 41° piano. La splendida riva di Belém è ideale per osservare il movimento o per sedersi sulle rive del Tago e immergersi nella lettura de **"Os Lusíadas"** di Luís Vaz de Camões, il poema epico che narra le esplorazioni di Vasco da Gama.

Torre de Belém

Godetevi la brezza atlantica e osservate la **Torre de Belém**, un'edificio risalente al XVI secolo costruito per celebrare le monumentali scoperte geografiche mondiali, un capriccio di architettura manuelina con le sue caratteristiche cupole scanalate.

DA VEDERE

Museu Nacional dos Coches

Le aspiranti Cenerentole saranno estasiate in questo sontuoso museo delle carrozze. Situato in uno spazio ultramoderno inaugurato nel 2015, ospita una collezione di circa 70 carrozze risalenti dal XVII al XIX secolo. Non dovete assolutamente perdervi la straordinaria Carrozza degli Oceani di papa Clemente XI, finemente decorata e impreziosita da seta proveniente dall'Asia e l'Antigo Picadeiro Real.

Torre de Belém

Eretta sulle rive del Tago, questa fortezza, Patrimonio dell'Umanità dell'UNESCO, simboleggia l'epoca delle grandi scoperte geografiche. Fate un respiro profondo e salite la stretta scala a chiocciola per godere di una vista mozzafiato su Belém e sul fiume.

Museu de Arte, Arquitetura e Tecnologia

Una gemma lungo il lungofiume di Lisbona è lo spettacolare Museo di Arte, Architettura e Tecnologia, una struttura bassa rivestita di piastrelle smaltate, con spazi espositivi sinuosi al piano terra. I visitatori possono esplorare sia sopra che sotto le sue strutture, immergendosi in giochi d'acqua, luci e ombre che celebrano il forte legame della città con il mare.

Palazzo Nazionale della Ajuda

Costruito nei primi anni del XIX secolo, questo magnifico edificio in stile neoclassico servì da dimora reale fino al 1910. Esplorate gli interni, ammirate gli arredi dorati e le opere d'arte del Cinquecento, e non perdete il dipinto di El Greco nella cappella della regina. Per raggiungerlo, potete optare per una lunga passeggiata in salita da Belém o prendere il tram 18E o vari autobus dal centro, inclusi il 760 dalla Praça do Comércio.

Antica Scuderia Reale

Le ex scuderie reali ospitano ora il Museo delle Carrozze, con soli sette esemplari del XVIII secolo, ma vale la pena visitarle per gli affreschi e gli stucchi decorativi. Costruite nel 1726 dall'architetto italiano Gian Giacomo Azzolini, rappresentano una cornice più adatta e sontuosa rispetto al moderno Museu Nacional dos Coches situato nella strada di fronte.

Museo della Presidenza della Repubblica

Questo piccolo museo merita una visita per la sua interessante collezione di doni di Stato, tra cui un insolito omaggio del 1957 da parte del brasiliano Juscelino Kubitschek: un grande guscio di tartaruga dipinto a mano che raffigura scene brasiliane, oltre a spade saudite e una maestosa rappresentazione di una danza tradizionale giapponese. Non dimenticate il ritratto ufficiale di un sorridente Mário Soares.

Giardino Botanico Tropicale

Questi giardini appartati ospitano centinaia di specie tropicali, offrendo un'oasi di tranquillità e frescura nelle torride giornate estive. Fate una passeggiata nel giardino di Macao, completo di una pagoda in miniatura, rustici bambù e un rinfrescante ruscello.

Monumento agli Scopritori

Simile a una nave tra le onde, il maestoso Monumento agli Scopritori fu eretto nel 1960 per commemorare il quinto centenario della morte di Enrico il Navigatore. Questa colossale struttura di calcare, alta 56 metri, raffigura i protagonisti dell'epoca delle grandi esplorazioni. Da Enrico il Navigatore a Vasco da Gama, Diogo Cão, Fernão de Magalhães (Ferdinando Magellano) e altri audaci esploratori.

Museo della Marina

Il Museo Navale offre un viaggio nel passato dei viaggi di scoperta, con modellini di navi, cannoni e tesori recuperati da relitti. Tra i pezzi più pregiati ci sono l'altare portatile in legno di Vasco da Gama, antiche mappe del XVII secolo (notate l'assenza dell'Australia) e gli eleganti interni dello yacht reale Amélia, di fabbricazione britannica. In un'ala separata troverete imbarcazioni originali, attrezzature antincendio del XIX secolo e idrovolanti.

Quake Experience

Vivete l'esperienza di un terremoto al Museo Quake, dove il pavimento trema e vi immergerete nell'evento del terremoto di Lisbona del 1755. Al vostro arrivo, riceverete un braccialetto di identificazione che vi permetterà di registrare la vostra presenza e scattare fotografie in punti specifici dell'esposizione.

DOLCI

Pasticceria Belém (Pasticceria) €

Da oltre un secolo, la Pasticceria Belém delizia i residenti di Lisbona con i deliziosi pastéis de Belém o pastéis de nata. Questi croccanti scrigni di pasta sfoglia, farciti con una delicata crema, vengono cotti nel forno a 200°C fino a ottenere una doratura perfetta, poi leggermente spolverati di cannella. Ammirate i suggestivi azulejos adornanti le sale a volta, mentre gustate una tartelletta appena sfornata direttamente dal bancone, cercando di svelare il segreto dell'ingrediente principale.

CURIOSITÀ

I deliziosi pastéis de Belém, conosciuti anche come pastéis de nata, ebbero origine all'inizio del XIX secolo grazie a una raffineria di zucchero situata accanto al **Mosteiro dos Jerónimos**. Dopo la rivoluzione liberale del 1820, i monasteri furono chiusi e in breve tempo tutti i monaci furono espulsi. Alcuni di loro intravidero un modo per sopravvivere utilizzando lo zucchero rimasto e così nacquero i **pastéis de Belém**. La ricetta segreta delle squisite tartellette alla crema è rimasta invariata da allora, ricordandoci che le calorie non implicano necessariamente peccato.

L'epoca delle scoperte geografiche

Il XV e il XVI secolo rappresentarono l'apice del Portogallo, un piccolo regno che si trasformò in una potenza imperiale di prim'ordine e nella monarchia più ricca d'Europa. L'era coloniale ebbe inizio nel 1415, quando João I (Giovanni I) conquistò Ceuta, un momento cruciale nella storia del paese. Durante l'era delle grandi scoperte geografiche, i navigatori europei, grazie a imbarcazioni avanzate, intrapresero viaggi che li portarono in tutto il mondo, dando inizio a un lungo periodo di imperialismo e colonialismo.

Le ricchezze manueline

Il punto di svolta avvenne nel 1497, sotto il regno di Manuel I, quando Vasco da Gama raggiunse l'India meridionale. Grazie all'oro e agli schiavi dall'Africa e alle spezie dall'Oriente, il Portogallo divenne rapidamente una potenza economica. Manuel I, entusiasta delle scoperte, investì enormi risorse nella costruzione di monumenti celebrativi, tra cui il celebre Mosteiro dos Jerónimos, che in seguito ospitò le sue spoglie dopo la sua morte.

L'ingresso della Spagna

Anche la Spagna partecipò agli sforzi esplorativi, entrando in competizione con il Portogallo. La scoperta dell'America da parte di Cristoforo Colombo nel 1492 riaccese antichi contrasti, che furono risolti nel 1494 con il Trattato di Tordesillas, in base al quale il mondo fu diviso tra le due potenze con un confine fissato a 370 leghe a ovest di Capo Verde.

Un viaggio epico

La rivalità tra Portogallo e Spagna spinse alla realizzazione della prima circumnavigazione del globo. Nell'anno 1519, l'esploratore portoghese Fernão de Magalhães (Ferdinando Magellano), che aveva giurato fedeltà alla Spagna dopo una disputa con Manuel I, salpò per dimostrare che le Isole Molucche (o Isole delle Spezie) appartenevano al territorio spagnolo. Anche se morì nelle Filippine nel 1521, una delle sue navi completò il viaggio, tornando in Spagna dopo aver doppiato il Capo di Buona Speranza e dimostrando così la sfericità della Terra.

Naufragi

Dal 1570 in poi, il mantenimento dell'impero cominciò a pesare sempre di più sul Portogallo. La sconfitta nella Battaglia di Alcácer-Quibir nel 1578, che vide la morte del re Sebastião, segnò l'inizio della fine. Quando il suo successore, il cardinale Henrique, morì nel 1580, Filippo II di Spagna conquistò il Portogallo, mettendo così fine alla sua secolare indipendenza e al periodo d'oro.

Pastelaria Restelo (Pasticceria) €

Conosciuta anche come Pastelaria O Careca ("Il Calvo"), questa modesta pasticceria situata su una tranquilla piazzetta sforna dal lontano 1954 alcuni dei migliori croissant di Lisbona. Vale davvero la pena fare qualche passo in più sul lungofiume per assaggiare i loro croccanti cornetti ricoperti di zucchero.

Gelato Davvero (Gelateria) €

Il Centro Cultural de Belém è una tappa imperdibile non solo per gli amanti dell'arte contemporanea, ma anche per coloro che desiderano gustare uno dei 22 sorprendenti sapori di gelato proposti da Filippo Licitra. Tra questi, troviamo gusti decisamente insoliti come avocado, salmone e mango al curry, accanto ai classici più amati. Un'altra sede del negozio si trova vicino a Cais do Sodré.

Alecrim & Manjerona (Caffetteria) €

Nascosto in una via laterale, Alecrim & Manjerona ("rosmarino e maggiorana") è un accogliente caffè che offre anche alimentari, gastronomia ed enoteca. Oltre alle deliziose torte fatte in casa, qui potrete gustare piatti del giorno a prezzi accessibili, che vanno dalle torte salate al bacalhau espiritual (baccalà gratinato).

In bicicletta lungo il Tago

A Lisbona, sono state recentemente realizzate nuove piste ciclabili e percorsi per jogging. Seguendo il corso del Tago per quasi 7 km, il percorso più antico collega Cais do Sodré a Belém, passando per vecchi magazzini trasformati in accoglienti caffè all'aperto, ristoranti, locali notturni e bellissimi Musei d'arte, Architettura e

Tecnologia (MAAT); il tracciato più recente si estende per 5 km da Belém al Forte di Caxias. È anche possibile pedalare "controcorrente", da Santa Apolónia al Parque das Nações, lungo un ulteriore tratto di 8 km. Si può anche noleggiare una bicicletta presso qualsiasi stazione Gira o presso Bike Iberia, situata vicino a Cais do Sodré, che fornisce anche la preziosa Lisbon Bike Map al costo di €7.

RISTORANTI

Taberna dos Ferreiros (Cucina Portoghese) €€

Questo locale poco visibile si trova dietro il Jardim Botânico Tropical di Belém, questa taverna propone una combinazione di piatti classici portoghesi con influenze internazionali. Tra le specialità vi sono il bacalhau à Ferreiro (baccalà condito con un uovo fritto) e il tonno croccante servito con ananas.

Feitoria (Cucina Portoghese Moderna) €€

Il ristorante stellato Michelin dello chef André Cruz, situato sul lungofiume, offre un'esperienza gastronomica raffinata e sofisticata. I quattro menu degustazione, con alternative vegetariane, presentano ingredienti di stagione e una varietà di sapori che riflettono la ricchezza culinaria del Portogallo.

SUD Lisboa Terrazza (Cucina Italiana) €€€

Questo elegante bar e ristorante sul lungofiume è il luogo ideale per rilassarsi dopo una visita al vicino MAAT. La cucina italiana contemporanea con influenze portoghesi offre piatti raffinati come il baccalà cotto a bassa temperatura con crema di vongole, serviti in un ambiente dal design sofisticato, caratterizzato da un soffitto in bambù e fibra di cocco. I cocktail, dai €12 ai €19, possono essere gustati nel grazioso dehors.

LOCALI

À Margem (Club)

Situato in una splendida posizione sul lungofiume, questo edificio di vetro e pietra bianca offre un ampio spazio all'aperto e ampie vetrate con vista sul fiume Tago (i tramonti con la Torre de Belém sullo sfondo sono magnifici). I residenti di Lisbona amano gustare le fresche insalate, il formaggio di pecora, le bruschette al pomodoro e altri spuntini (le insalate vanno da €12 a €14,50), da accompagnare con un drink (vini da €4 a €7,10).

Bar 38° 41' (Bar)

Godetevi il passaggio delle barche mentre sorseggiate un caffè o un cocktail (da €9 a €13) in questo lounge bar affacciato sul fiume. Durante l'estate, i DJ animano le serate del weekend.

DIVERTIMENTI

Centro Cultural de Belém (Teatro)

Il CCB offre una variegata programmazione che va dal jazz sperimentale alla danza contemporanea, passando per il teatro e i concerti dell'Orchestra da Camera Portoghese. La biglietteria è aperta dalle 11:00 alle 20:00.

SHOPPING

Portugal Manual (Artigianato)

Il CCB ospita un negozio temporaneo con artigianato portoghese, con peculiarità regionali.

PARQUE DAS NAÇÕES

Magnifico esempio di riqualificazione urbana, il Parque das Nações ha letteralmente catapultato la città nel XXI secolo, a partire dall'Expo del 1998. Con grattacieli scintillanti, moderne sale da concerto, il ponte più lungo d'Europa e un acquario senza rivali, questo quartiere sulle rive di un fiume così maestoso da sembrare un mare incarna la Lisbona del futuro.

In Evidenza

Casa Bota Feijão: Gustate il succulento maialino allo spiedo nella salsa pepata all'aglio in questo locale semplice ma accogliente.

Ponte Vasco da Gama: Ammirate al tramonto il ponte più lungo d'Europa, una struttura straordinaria che attraversa il fiume Tago.

Gare do Oriente: Catturate le migliori angolazioni per le foto nella stazione futuristica d'ispirazione gotica progettata da Santiago Calatrava.

Oceanário de Lisboa: Esplorate il mondo sottomarino di questo vasto acquario, un luogo rispettoso degli animali e adatto a tutte le età.

Trasporti

La linea rossa della metropolitana vi porta dal centro a Oriente in circa 20 minuti, con corse frequenti.

Tra gli autobus che collegano il Parque das Nações al centro di Lisbona, potete prendere il 708 per Martim Moniz, che passa anche per l'aeroporto e dista solo tre fermate di metropolitana da Oriente.

DA NON PERDERE

Esplorare il mondo marino all'Oceanário

Immerso tra i più grandi acquari d'Europa, l'Oceanário ospita una straordinaria varietà di circa 8000 creature marine, che si muovono agilmente in un ambiente di 7 milioni di litri d'acqua salata. Qui, squali tigre, razze, pesci palla e pesci luna solcano le acque della vasta vasca centrale, mentre pulcinella di mare, pinguini e lontre marine trovano dimora nelle zone che ricreano fedelmente i loro habitat naturali.

La missione principale dell'Oceanário è quella della conservazione, promuovendo la conoscenza e il rispetto per gli abitanti del mare e il loro delicato ecosistema. Attraverso programmi educativi e progetti di ricerca, l'Oceanário s'impegna a sensibilizzare il pubblico sull'importanza della protezione degli oceani e delle specie marine.

Lontre Pacifiche

Nella sezione dedicata al Pacifico vi aspettano Micas, Odi e Kasi, le adorabili lontre marine che hanno conquistato i cuori dei visitatori dell'Oceanário. È impossibile resistere al loro gioco e alla loro graziosa nuotata sulla schiena o mentre si dedicano alla toelettatura del loro folto pelo.

Vasca Principale

Affacciarsi di fronte a questa vasta vasca cilindrica è come immergersi in un mondo sottomarino senza bagnarsi. Squali zebra, pesci luna, nuvole di pesci neon e mante (i veri tappeti volanti dei mari) terranno incollati gli occhi dei visitatori al vetro.

Notte tra gli Squali

Non servono più storie della buonanotte quando si può addormentarsi accanto a una vasca di squali. Questa esperienza, al costo di €60 per persona, si concentra sulla sensibilizzazione ambientale e offre l'opportunità di godersi l'Oceanário in una quiete quasi totale la mattina seguente.

Incontri Subacquei Ravvicinati

Tra le creature più straordinarie che popolano le vasche del livello subacqueo, troviamo le evanescenti meduse quadrifoglio, i polpi giganti e i simpatici cavallucci marini. Per gli appassionati di Nemo, una curiosità: il pesce pagliaccio cambia sesso. Vive in gruppi dominati da una femmina anziana, e quando questa muore, uno dei maschi subordinati cambia sesso per prendere il suo posto.

Consigli Utili

Per evitare le code, è consigliabile acquistare i biglietti online in anticipo.

Esistono visite guidate speciali che permettono di scoprire i retroscena dell'Oceanário. Tuttavia, evitate di utilizzare il flash durante le fotografie, poiché potrebbe spaventare gli animali marini.

Per ottimizzare la visita, pianificate la visita all'ora di pranzo degli animali: le lontre marine vengono alimentate alle 10:00, 12:45 e

15:15; i pinguini alle 10:00 e alle 15:00; le mante e i pesci luna alle 12:30; gli squali alle 10:30 il lunedì e il venerdì; le razze alle 11:15 il lunedì, il mercoledì e il venerdì.

Una Sosta Rigenerante:

Per un'ottima pizza, Zero-Zero è praticamente di fronte all'Oceanário.

Se desiderate gustare un cocktail con una vista mozzafiato sul Tago e sul Ponte Vasco da Gama, vi consigliamo di fare una visita al River Lounge, situato all'estremità opposta del Parque das Nações.

DA VEDERE

Torre Vasco da Gama (Punto d'interesse)

La silhouette della Torre ricorda quella di una vela, particolarmente simile a quella delle caravelle di Vasco da Gama, fonte d'ispirazione per gli architetti Leonor Janeiro e Nick Jacobs nel progettare questa struttura alta 145 metri in acciaio e cemento. Accanto alla torre sorge l'elegante Myriad by Sana Hotels, un hotel a cinque stelle aperto nel 2013, opera dell'architetto Nuno Leónidas. La torre non è aperta al pubblico, a meno che non si abbia una prenotazione al ristorante stellato Fifty Seconds.

Pavilhão do Conhecimento (Museo)

Il Pavilhão do Conhecimento è un centro interattivo dove i bambini possono esplorare una casa in costruzione senza l'accompagnamento degli adulti, pedalare su un cavo nel vuoto in bicicletta o divertirsi a soffiare delle bolle di sapone di dimensioni faraoniche.

Ponte Vasco da Gama (Ponte)

Dal suo inizio all'altro estremo, il Ponte Vasco da Gama, il secondo ponte più lungo d'Europa, si estende per 17,2 chilometri sopra il Tago.

Jardins d'Água (Parco Acquatico)

Questi giardini tematici sull'acqua, con ingresso gratuito, sono il luogo ideale per rinfrescarsi durante l'estate. Quando il sole picchia, genitori e bambini possono rilassarsi tra gli spruzzi delle cascatelle e dei geyser artificiali e partecipare a varie attività con l'acqua.

Jardim Garcia de Orta (Giardini)

Il Jardim Garcia de Orta, ricco di piante esotiche provenienti dalle ex colonie portoghesi, è dedicato al naturalista portoghese del Cinquecento, pioniere della medicina tropicale. Tra le sue rarità botaniche troviamo la sterlizia e l'albero del drago.

Teleférico (Teleferica)

Il viaggio sulla teleferica, che si erge per 20 metri e collega la Torre Vasco da Gama all'Oceanário, offre vedute panoramiche sul Parque das Nações e sulle scintillanti acque del Tago, rendendo difficile smettere di fotografare.

Gare do Oriente (Architettura)

Progettata dal famoso architetto spagnolo Santiago Calatrava, la futuristica Gare do Oriente è una struttura a volta straordinaria, caratterizzata da colonne slanciate che si aprono a ventaglio per formare una copertura a fisarmonica, creando un'atmosfera di foresta geometrica di cristallo.

RISTORANTI

ZeroZero (Pizzeria) €€

Autentica pizza italiana con un tocco industriale-chic, questo ristorante è la filiale dell'acclamata pizzeria ZeroZero. I forni a legna sono in bella mostra e sfornano pizze squisite come quella con funghi e prosciutto di Parma 18 mesi o quella con fior di latte, porcini, asiago e crema al tartufo nero. Il grande dehors spazioso è il luogo ideale per rilassarsi durante una visita al Parque das Nações.

> **Street Food e Arte**
>
> Il Parque das Nações offre una vasta gamma di edifici, opere d'arte ed esperienze gastronomiche. Mi affascina soprattutto la scena creativa in continua evoluzione lungo il Tago: dalle prelibatezze della migliore cucina portoghese contemporanea al Cantinho do Avillez di José Avillez, fino alla maestosa Lince Iberica di Bordalo II, un'installazione realizzata interamente con materiali riciclati e plastica.

Casa Bota Feijão (Cucina Portoghese) €

Non lasciatevi fuorviare dagli interni sobri e dalla vista dei binari della ferrovia: se durante la settimana questo locale appartato è così affollato di abitanti del posto, significa che la cucina è eccellente. Qui tutti vengono per una cosa sola: il leitão alla Bairrada, un tenero e succulento maialino da latte arrostito allo spiedo, servito con una salsa all'aglio piccante e deliziosa.

Fifty Seconds (Ristorante Stellato) €€€

Con una vista spettacolare dalla Torre Vasco de Gama, questo ristorante panoramico è guidato dallo chef superstar Martín Berasategui. La cucina fusion basca-portoghese offre piatti sofisticati come brandade di baccalà con maionese allo Yuzu e agnello da latte con purea di melanzane affumicate. Un'esperienza culinaria unica che unisce la tradizione basca con i sapori portoghesi.

River Lounge (Cucina Mediterranea) €€€

Ristorante-lounge elegante e raffinato con grandi vetrate che offrono una vista spettacolare sul Tago e sul Ponte Vasco da Gama. La cucina d'ispirazione mediterranea propone piatti come branzino alla griglia con pata ne*ra. Ottimi cocktail completano l'esperienza, perfetti da gustare prima o dopo cena.

LOCALI

Irish & Co (Irish Pub)

Situato sul lungofiume, questo animato pub su due piani è un punto di riferimento nella zona. Oltre ai tipici piatti da pub, offre una vasta selezione di birre alla spina, tra cui Guinness, Kilkenny, Carlsberg e alcune Super Bock artigianali. Il grande dehors ospita anche un biplano sospeso, sebbene la vista sull'acqua sia in parte coperta da cespugli.

Bliss Bar (Bar)

Con un incantevole dehors che si affaccia sul porto turistico, questo bar è il luogo perfetto per gustare birre e cocktail fino a tarda notte. Assaggiate anche un toast gigante o condividete dei nachos con gli amici.

DIVERTIMENTI

Teatro Camões (Teatro)

Sito della Compagnia Nazionale Portoghese di Balletto, il Teatro Camões è diretto artisticamente da Paulo Ribeiro ed è rinomato per le sue esibizioni di danza classica.

SHOPPING

Centro Vasco da Gama (Centro Commerciale)

Questo vasto centro commerciale, caratterizzato dal suo tetto di vetro, ospita una vasta gamma di negozi di marche rinomate, un cinema e una zona di ristorazione. I locali al piano superiore offrono anche dei dehors con vista panoramica.

Oceanário de Lisboa Store (Centro Commerciale)

Con i suoi 600 metri quadrati, questo ampio negozio all'Oceanário offre una vasta selezione di articoli da regalo, tra cui abbigliamento, souvenir, peluche e altro ancora, tutti ispirati al tema del mare e in collaborazione con artigiani e produttori locali. Fate acquisti responsabili e aiutate gli artigiani di Lisbona.

MARQUÊS DE POMBAL, RATO E SALDANHA

Questi quartieri moderni sono dei veri e propri tesori culturali e del buon vivere, vi invitano a trascorrere piacevolmente l'intera giornata nella parte settentrionale della città. Qui troverete splendidi ristoranti, boutique di stilisti di pregio e sale da concerto. Oltre l'ombrosa Avenida da Liberdade, potrete ammirare bei palazzi in stile art nouveau, giardini curati e musei d'arte che ospitano opere di artisti che vanno da Rembrandt a Paula Rego.

Da non perdere:

Museu Calouste Gulbenkian: Un eccezionale museo che ospita una collezione d'arte occidentale e orientale.

Mãe d'Água: Un'esperienza unica percorrendo una parte dell'imponente acquedotto del XVIII secolo della città.

Red Frog: Un mondo sofisticato della mixologia dove potrete fermarvi per gustare un cocktail prelibato.

Parque Eduardo VII: Curiosate tra i parchi fedelmente curati, i quali si trovano nel polmone verde del centro di Lisbona

Trasporto

Le principali attrazioni sono ben distanziate tra loro, ma la metropolitana offre un modo comodo per raggiungerle. Tra le fermate più utili ci sono: Avenida, Marquês de Pombal, Rato, São Sebastião e Parque. Se avete in programma di visitare più di un luogo, optate per l'acquisto di una tessera metro valida per 24 ore.

Inoltre, la linea 744 effettua fermate presso Marquês de Pombal e Avenida da Liberdade durante il tragitto da/per l'aeroporto.

DA NON PERDERE

Per un'immersione completa nell'arte, non potete perdere una visita al Museu Calouste Gulbenkian. Questo museo ospita una straordinaria collezione di opere d'arte occidentali e orientali, caratterizzata dalla vastità e dall'eccellenza della qualità. Potreste facilmente trascorrere mezza giornata immersi nei tesori raccolti dal facoltoso collezionista d'arte armeno Calouste Sarkis Gulbenkian (1869-1955) durante i suoi viaggi in tutto il mondo. Un'esperienza imperdibile per gli amanti delle belle arti e delle arti decorative.

Maestri Olandesi e Fiamminghi

Gli amanti della pittura olandese e fiamminga del XVII secolo troveranno pane per i loro occhi nell'ammirare i capolavori esposti, come il "Ritratto di vecchio" di Rembrandt e "L'amore dei Centauri" o "La fuga in Egitto" di Rubens. Tra le altre opere degne di nota ci sono i paesaggi selvaggi della Norvegia di Ruisdael e i ritratti di van Dyck.

René Lalique

Una sala intera è dedicata ai raffinati gioielli e oggetti in vetro di murano del francese René Lalique. L'osservatore non può che rimanere stupito di fronte ai suoi diademi ispirati alla natura, ai pettini, ai calici e ai braccialetti, tutti impreziositi da perle barocche e opali.

Pittura e Scultura dell'Ottocento

Questa collezione si concentra su capolavori francesi e inglesi di artisti come il grande Manet, Monet ("Il disgelo") e Turner ("Naufragio di una nave da trasporto"). Da non perdere sono anche i ritratti impressionisti di Degas, i paesaggi fiamminghi di

Théodore Rousseau e la scultura prometea "Eterna Primavera" di Rodin.

Arte Egizia, Greca e Romana

Con le sue maschere funerarie dei faraoni realizzate in oro, le statue dei gatti di bronzo e i bassorilievi raffiguranti faraoni, la collezione egizia offre uno sguardo affascinante su quel periodo storico. Segue la collezione greco-romana, che presenta monete e medaglioni greci, oggetti in vetro e ceramiche romane.

Arte Islamica

Lasciatevi affascinare dalle intense tonalità di colore e dai motivi geometrici dei tappeti persiani, dei kilim e dei broccati di seta, molti dei quali risalenti ai secoli XV e XVI. Accanto a essi si trovano maioliche ottomane, piastrelle decorate e lampade da moschea egiziane.

Consigli Utili

Per una visita più tranquilla e senza costi, pianificate la vostra esperienza al museo alla domenica dopo le 14:00, quando l'ingresso alle collezioni permanenti è gratuito.

Consultate il sito web per scoprire le visite guidate disponibili e per conoscere gli eventi speciali dedicati ai bambini e alle famiglie.

Per arricchire la vostra esperienza e ottenere ulteriori informazioni sulle opere esposte, considerate l'utilizzo dell'audioguida disponibile.

Momento di Relax:

Se desiderate deliziare il palato con qualcosa di dolce, fate una breve passeggiata fino a Versailles, una pasticceria rinomata situata nelle vicinanze.

Oppure, immergetevi nell'esperienza culinaria di Gourmet Experience presso i grandi magazzini El Corte Inglés, dove potrete gustare prelibati pasti veloci creati da rinomati chef stellati come José Avillez ed Henrique Sá Pessoa.

DA VEDERE

Casa-Museo Medeiros e Almeida (Museo)

Questo museo poco conosciuto, ubicato in un magnifico palazzo del XIX secolo, ospita la pregiata collezione di pittura e arti decorative di António Medeiros e Almeida. Tra le opere di spicco si trovano ceramiche Han e porcellane della dinastia dei Ming e Qing, nonché anche dipinti di Thomas Gainsborough, una serie di oltre 300 orologi meccanici e a pendolo (una delle più importanti collezioni private in Europa) e un servizio da tavola appartenuto a Napoleone Bonaparte.

Museo Calouste Gulbenkian (Museo)

Immersa in un giardino adornato da sculture, la Collezione Moderna ospita una prestigiosa raccolta di arte portoghese e internazionale del XX secolo. Il biglietto include l'accesso alla sede distaccata della Collezione del Fondatore.

Visita gratuita ai musei

Dedicate il fine settimana alla scoperta dei musei. Il Museu Calouste Gulbenkian (Collezione del Fondatore e Collezione Moderna) offre l'ingresso gratuito la domenica dopo le 14:00, mentre alla Casa-Museo Medeiros e Almeida l'ingresso è gratuito il primo sabato del mese dalle 10:00 alle 13:00.

Parque Eduardo VII (Parco)

Il Parque Eduardo VII, un'oasi urbana con forti radici britanniche, prende il nome dal sovrano inglese che visitò Lisbona nel 1903. Si estende in una pendenza e offre un'ampia vista che si estende dalla vivace Praça Marquês de Pombal fino al fiume.

Jardim Botânico (Giardini)

Nel tranquillo Jardim Botânico, curato con amore da studenti appassionati di giardinaggio, prosperano oltre 1500 specie di piante diverse. Questo angolo lussureggiante offre una quiete maggiore rispetto al Jardim do Príncipe Real, situato su una collina che domina la Baixa. Tra le varietà da cercare ci sono i gerani di Madeira, le maestose sequoie, le jacarandá viola e, vicino all'ingresso (al livello superiore), un fico magnolioide. Vale la pena fare una visita anche alla casa delle farfalle.

Mãe d'Água (Palazzo Storico)

Commissionata direttamente dal re, l'imponente cisterna della Mãe d'Água fu completata nel 1834, con il sovrano stesso che pose l'ultima pietra. L'interno fresco e suggestivo è un esempio di ingegneria ottocentesca, mentre le scale conducono al tetto, da cui si può godere di una splendida vista sull'acquedotto e sul quartiere circostante. L'ingresso è gratuito, ma se c'è una mostra in corso, il costo è di €5.

Estufas (Giardini)

Nascoste in un angolo del Parque Eduardo VII, si trovano tre serre: la Estufa Fría (serra fredda), dove prosperano felci e camelie profumate, con alberi di cacao e di mango, e una serra con clima caldo/secco per i cactus.

RISTORANTI

Gourmet Experience (Alta Cucina) €€

Situata al settimo piano dei più eleganti grandi magazzini di Lisbona, Gourmet Experience è un'area ristorazione spaziosa e raffinata che offre piatti di alta qualità, preparati da alcuni dei migliori chef iberici e lisbonesi.

Forno d'Oro (Pizzeria) €€

Il forno rivestito d'oro di questa favolosa pizzeria di Lisbona vi offre una vera esperienza gastronomica. La burrata e la mozzarella di bufala, importate dall'Italia ogni giorno, insieme agli ingredienti DOP italiani, rendono le pizze autentiche e deliziose. Non perdete le varianti con ingredienti tipici portoghesi e di stagione, che danno un tocco speciale a ogni pizza.

Cervejaria Ribadouro (Cucina di Mare)

Luminosa, vivace e sempre affollata, Cervejaria Ribadouro è una birreria molto popolare tra gli amanti dei frutti di mare. Potete gustare scampi, lupini e una birra alla spina al banco, mentre i frutti di mare freschi sono cucinati con maestria direttamente dalla vasca.

Tasca Fit (Cucina Salutista) €

Un ristorante con interni vivaci e spaziosi, che propone una cucina salutare e senza zucchero, servita in porzioni generose, in linea con lo stile delle tascas. È uno dei pochi locali della zona che offre piatti vegetariani, come la feijoada (uno stufato di carne) e hamburger di lenticchie, oltre a crêpes di tapioca preparati secondo la tradizione brasiliana.

Jesus è Goês (Cucina Indiana) €€

Tra i migliori ristoranti indiani di Lisbona, Jesus é Goês offre una cucina contemporanea di Goa preparata dal simpatico chef Jesus Lee. L'atmosfera vivace e accogliente, con i dipinti murali e le tovaglie decorate, rende l'esperienza culinaria ancora più piacevole. Assaggiate i deliziosi antipasti e i piccanti curry, ma ricordatevi di prenotare in anticipo.

Os Tibetanos (Cucina Vegetariana)

Parte di una scuola buddhista tibetana, Os Tibetanos è il primo ristorante vegetariano di Lisbona. Offre piatti freschi e deliziosi, con opzioni come quiche e curry. Non perdetevi l'opportunità di sedervi nel patio e assaggiare il gelato alla rosa.

Avenida SushiCafé (Cucina Giapponese) €€

La sede principale della catena SushiCafé offre un'ottima cucina fusion giapponese curata dallo Chef Daniel Rente. Anche se ci sono filiali nei centri commerciali, questa sede mantiene la sua eccellenza culinaria.

L'avenida

Costruita nell'Ottocento, l'Avenida da Liberdade è un lungo viale alberato lungo 1100 metri che collega Praça dos Restauradores a sud con la rotatoria a Praça Marquês de Pombal a nord. Lungo il viale alberato, tra i sontuosi palazzi curati, si trovano alcuni degli alberghi, caffè e boutique più eleganti della città.

LOCALI

Sky Bar (Bar)

Che panorama mozzafiato! Situato sul tetto del Tivoli, questo bar offre una terrazza spettacolare, completa di poltroncine minimaliste bianche, dov'è possibile gustare cocktail pregiati (da €12 a €17), fare conversazione e ammirare la vista di Lisbona.

JNcQUOI Delibar (Cocktail Bar)

Questo lussuoso bar è situato sotto l'omonimo ristorante e attrae una clientela ricca che ama sedersi intorno al lungo e sinuoso bancone di marmo per gustare delizie fresche come ostriche e caviale, accompagnate da cocktail e vini squisiti.

Red Frog (Cocktail Bar)

Il Red Frog non ha cartelli visibili, proprio come gli speakeasy durante il proibizionismo. Si accede suonando il campanello con la scritta "Press for Cocktails" e ci si trova immersi in un mondo sofisticato di cocktail artigianali, bicchieri appropriati e clienti eleganti.

DIVERTIMENTI

Fundação Calouste Gulbenkian (Teatro)

Presso la sede dell'Orchestra Gulbenkian, potrete godere di concerti di musica classica e spettacoli di balletto di alto livello.

SHOPPING

Carbono (Dischi)

Nonostante lo staff possa sembrare a volte un po' burbero, è difficile non essere attratti dal Carbono e dalla sua incredibile selezione di vinili e CD, sia nuovi che usati, con un'ampia scelta soprattutto di world music.

Leya Buchholz (Libreria)

Presso Leya Buchholz troverete un'ampia selezione di libri in portoghese e inglese, oltre a offerte di letture.

ESTRELA, LAPA E ALCÂNTARA

Nei tranquilli quartieri verdi di Estrela e Lapa, è possibile immergersi in piazze circondate da caffetterie, vie panoramiche che offrono panorami mozzafiato del fiume e delle strade residenziali dove edifici del Settecento accolgono negozi d'antiquariato, boutique e gallerie d'arte. Lungo le rive del fiume, Alcântara ha segnato una nuova epoca per Lisbona: i suoi ex depositi industriali sono stati trasformati in locali alla moda, bar e ristoranti.

In primo piano

Basílica da Estrela: Ammirate questa meravigliosa basilica neoclassica del 1790, con il suo magnifico presepe e una vista mozzafiato su Lisbona dal tetto.

Museu da Marioneta: Scoprite il vostro lato giocoso in questo museo delle marionette.

Museu Nacional de Arte Antiga: Esplorate le ricche collezioni di questo museo di prim'ordine ospitato in un palazzo del XVII secolo.

Museu do Oriente: Ammirate le preziose antichità asiatiche in esposizione in questo museo ubicato in un ex magazzino di baccalà del 1940.

Trasporti

Il tram numero 15E da Praça da Figueira e il tram numero 18E da Cais do Sodré vi porteranno a Santos e ad Alcântara. Il 25E arriva a Santos, Lapa ed Estrela, mentre il 28E è utile per raggiungere Estrela.

Per quanto riguarda gli autobus, il 713 (Arco do Cego-Estação Campolide) e il 727 (Estação Roma-Areeiro-Restelo) fanno fermate a Estrela, Lapa e Alcântara. Il 712 è una buona alternativa per raggiungere Alcântara.

DA NON PERDERE

Arte e tesori al Museu Nacional de Arte Antiga

Situato maestosamente sulle rive del fiume, questo palazzo del XVII secolo custodisce la più significativa collezione d'arte antica di Lisbona. Tra le sue mura, potrete ammirare porcellane di Meissen, sculture portoghesi, pregiati arazzi di Beauvais, ceramiche Ming, argenteria barocca e affascinanti paraventi giapponesi, immergendovi in un viaggio attraverso la pittura, la scultura e gli usi e costumi dal Medioevo al XIX secolo.

Pannelli di San Vincenzo

Un'intera sala (sala 2; terzo piano) è dedicata all'esposizione dei Pannelli di San Vincenzo, uno dei gioielli del museo. Creduto opera di Nuno Gonçalves, pittore di corte del re Afonso V, risalente al 1470, questo intenso polittico raffigura l'adorazione di San Vincenzo.

Ostensorio e croce

Nella sala 29 sono esposti due capolavori di oreficeria e argenteria. Il primo è una reliquia del 1506, realizzata da Gil Vicente con l'oro portato da Vasco da Gama nel suo secondo viaggio in India, decorato con sfere armillari e le figure dei 12 apostoli. Altrettanto impressionante è la croce processionale (1214) di re Sancho I, finemente intagliata e incastonata con perle e zaffiri.

> **Consigli Utili**
>
> Data l'ampia estensione del museo, è consigliabile prendere una cartina all'ingresso e individuare le opere che desiderate vedere. Pianificate almeno due ore per la visita.
>
> Arrivare presto al mattino o più tardi nel pomeriggio può aiutare a evitare le folle.
>
> Ogni biennio si apre una mostra temporanea a tema (con biglietto separato, circa €6), raggiungibile tramite la seconda entrata in Rua das Janelas Verdes.
>
> **Un po' di Relax**
>
> Al Quimera Brewpub, situato a 800 metri più a ovest, potrete gustare birre artigianali e cocktail in un suggestivo tunnel di pietra, costruito nel XVIII secolo per le carrozze.

Pittura europea

La raccolta di pittura europea copre un periodo che va dal XIV al XIX secolo, con opere prevalentemente di tema sacro. Tra le opere più preziose e rinomate a livello mondiale, spiccano due capolavori. Il primo è il San Girolamo (1521) in chiaroscuro, un'icona rinascimentale di Albrecht Dürer. Il secondo è il trittico devozionale di Hieronymus Bosch con le Tentazioni di Sant'Antonio (1500), che rappresenta l'eremita assediato dai demoni, esposto alle tentazioni del peccato e lottante nella fede.

Arte e ceramica orientale

Al secondo piano dell'edificio si trovano magnifici bauli indiani del 1500, porcellane della dinastia Ming e piastrelle siriane decorate con motivi geometrici. Non dovreste perdervi gli splendidi paraventi Namban, che raffigurano l'arrivo dei Namban (i "barbari del sud"), gli esploratori portoghesi che, giunti sulle coste del Sol Levante nel 1543, suscitarono lo stupore dei giapponesi con i loro modi bruschi.

DA VEDERE

Jardim da Estrela (Giardini)

Per una pausa immersi nel verde, il giardino di fronte alla Basílica da Estrela è un'oasi ideale. Inaugurato nel 1852, offre piacevoli passeggiate all'ombra di alberi secolari. Al centro del giardino svetta un maestoso baniano gigante. I laghetti con le anatre e il parco giochi a tema animale fanno la gioia dei più piccoli. Qui è possibile trovare alcuni caffè all'aperto dove rilassarsi e prendere fiato.

Basílica da Estrela (Chiesa)

La Basílica da Estrela si distingue per la sua cupola bianca e i campanili gemelli, visibili da lontano. All'interno, l'abbondanza di marmo rosa e nero crea un suggestivo effetto caleidoscopico, soprattutto quando lo sguardo si alza verso la cupola. Questa bella chiesa neoclassica, completata nel 1790 per volere di Dona Maria

I (che riposa qui), fu eretta come ringraziamento per la nascita di un figlio maschio.

> ### A passeggio lungo il fiume
>
> Una delle passeggiate più suggestive di Lisbona è lungo il tratto che va dalla Torre de Belém alla Doca de Santo Amaro, e anche oltre, per un comodo percorso di 4 km lungo le rive del Tago. Seguite l'esempio dei locali e fate una pausa per gustare un cocktail o un gelato durante questa piacevole passeggiata.

Casa Museo di Amália Rodrigues (Museo)

Gli amanti del fado faranno un pellegrinaggio alla casa della "Regina del Fado" Amália Rodrigues (1920-1999). Le opere in questo museo includono ritratti cubistici, sgargianti costumi di scena in pizzo e statue di bronzo. La prenotazione è consigliata.

Museo delle Marionette (Museo)

Tornate bambini al Museo delle Marionette, situato all'interno del Convento das Bernardas risalente al XVII secolo, un vero e proprio laboratorio di Geppetto. Qui potrete ammirare marionette classiche come il birichino Punch e il suo equivalente portoghese, Dom Roberto, insieme ad altre più rare, come le marionette sull'acqua vietnamite, i pupi siciliani e le figure del teatro delle ombre birmano. Una mostra sulla realizzazione del film di animazione "A Suspeita" completa l'esperienza.

Museo dell'Oriente (Museo)

Il Museo dell'Oriente illustra i legami tra il Portogallo e l'Asia, dai primi giorni del colonialismo a Macao al culto degli antenati. Situato in un grande edificio che in passato era un magazzino di baccalà degli anni '40, il museo offre una collezione permanente allestita in modo efficace in sale semibuie, incentrata sui portoghesi trasferiti in Asia e sulle divinità asiatiche.

Esperienza Pilar 7 (Punto Panoramico)

L'Esperienza Pilar 7 offre la possibilità di osservare da vicino il Ponte 25 de Abril da un'altezza di 80 metri dal suolo. Inaugurata alla fine del 2017 e con un costo di 5,3 milioni di euro, la struttura propone una visita multimediale del ponte, particolarmente interessante per gli appassionati d'ingegneria.

CURIOSITÀ

A cena sull'autobus

Ispirato a un progetto culturale nato a Londra, il Village Underground Lisboa sorge all'interno del complesso Carris ad Alcântara. Questo spazio polifunzionale ospita il vivace Village Food, caratterizzato da un vecchio autobus a due piani posato sopra un container, un'attrazione divertente soprattutto per i bambini. Nonostante sia visibile dalla Avenida Brasília e dal Ponte 25 de Abril, pochi turisti si avventurano fino a qui.

Ponte 25 de Abril (Ponte)

Non sorprende che molti visitatori pensino di aver già visto il Ponte 25 de Abril: è infatti una replica del Golden Gate Bridge di San Francisco. Costruito nel 1966 dalla stessa impresa, il ponte si estende per 2,27 km, una lunghezza simile a quella del suo omologo americano.

RISTORANTI

Último Porto (Cucina di Mare) €€

Frequentato principalmente dalla gente del posto, questo gioiello della cucina di pesce è nascosto tra le gru che animano il porto, rendendolo un luogo difficile da individuare. I clienti vengono attratti dall'ottimo pesce alla griglia, da gustare in compagnia di eccellenti vini provenienti dall'Alentejo e dal Douro. La griglia è all'aperto, circondata dai container.

Petiscaria Ideal (Cucina Locale) €€

Questo vivace ristorantino è rinomato per i suoi deliziosi petiscos (stuzzichini), che vanno dal toast con formaggio di capra e miele allo stufato di maiale con composta di peperoni, fino ai funghi portobello ripieni di salsiccia alheira. La cucina offre anche ottimi dessert, come la mousse di cioccolato al medronho o il crumble di pere. Le pareti adornate di azulejos creano un'atmosfera allegra e vivace, mentre si mangia su lunghi tavoli comuni.

Casa Fernando Pessoa (Centro Culturale)

Esplorate la vita e le opere di Fernando Pessoa, poeta, scrittore e figura di spicco del modernismo portoghese, visitando l'ultima casa dove visse e immergendovi nella sua collezione di libri (digitalizzata). Avrete l'opportunità di tentare di decifrare alcuni dei suoi manoscritti e di ammirare dipinti e arazzi che ritraggono l'autore, realizzati da altri artisti modernisti come il pittore Júlio Pomar.

Clube de Jornalistas (Cucina Portoghese) €€

Situato in cima a una collina, il Clube de Jornalistas richiede un po' di determinazione per essere trovato, ma la ricerca ne vale assolutamente la pena. Questo incantevole ristorante, ospitato in una suggestiva casa del Settecento con un cortile alberato, offre piatti portoghesi e mediterranei di alta qualità, come il cremoso risotto di gamberetti alla brasiliana e il maiale nero. Il servizio è impeccabile e la cucina deliziosa.

1300 Taberna (Cucina Portoghese) €€€

Situato nella LX Factory, il 1300 Taberna offre una reinterpretazione creativa della cucina portoghese, con molti piatti alla brace, in un ambiente rustico-chic caratterizzato da lampadari d'epoca e condotte d'aria a vista. È uno dei migliori posti nella LX Factory dove gustare un drink.

Loco (Cucina Portoghese) €€€

Nelle vicinanze della Basílica da Estrela, questo ristorante d'alta cucina, diretto dallo chef Alexandre Silva, offre audaci reinterpretazioni della cucina portoghese, che combinano tradizione e influenze internazionali. Con due menu degustazione che cambiano quotidianamente e si concentrano sulla sostenibilità e la stagionalità, Loco offre un'esperienza gastronomica unica, caratterizzata da 18 "momenti" da scegliere con o senza abbinamento di vini.

LOCALI

Go A Lisboa (Rooftop Bar)

Questo locale unisce un cocktail bar, un ristorante e uno studio di yoga in un'unica cornice. I proprietari hanno trasformato la terrazza inutilizzata della Casa de Goa in un'oasi verde, adornata con lampade a corda e con vista sul Ponte 25 de Abril. Nel menu si rispecchia l'influenza goana, con piatti come lo spezzatino di maiale al curry e il gin tonic al guacamole.

Foxtrot (Bar)

Alla sua apertura nel 1978, il campanello che suonava come un orologio a cucù accoglieva i clienti in questo locale dal fascino art nouveau, illuminato da luci soffuse. Qui potrete immergervi nell'atmosfera del jazz e sfogliare un dettagliato menu di cocktail stampato su carta da lucido (a partire da €7 fino a €15). Ideale per un drink raffinato.

Quimera Brewpub (Birrificio)

Aperto nel 2016 da una coppia di origine americana-brasiliana, questo secondo birrificio di Lisbona produce una varietà di 12 birre artigianali, accompagnate da selezioni di birre belghe rare, lager scure americane e sperimentali. Inoltre, offre una scelta di birre alla spina provenienti da altri rinomati produttori locali di Lisbona, tra cui Dois Corvos, 8ª Colina e Lince. L'esperienza di bere birra all'interno di una galleria costruita nel Settecento per le carrozze del Palácio das Necessidades evoca l'atmosfera di una taverna medievale.

DIVERTIMENTI

Senhor Vinho (Musica Live)

In questo intimo locale di proprietà della celebre stella del fado Maria da Fé, si esibiscono abili fadistas. Venite qui per immergervi nell'emozionante mondo del fado (a partire dalle 19), non per la cucina, e non esitate a declinare piatti non richiesti.

SHOPPING

Comida Independente (Alimentari)

Questo mercato, orientato alla sostenibilità, offre una vasta selezione di prodotti di alta qualità, tra cui salumi provenienti da allevamenti tradizionali dell'Algarve, di Vinhais e di altre regioni, oltre a 160 varietà di vino, di cui l'80% sono vini naturali. Potete trovare anche medronho biologico (un distillato portoghese alla frutta), il Pudim abade de Priscos di Braga (un ricco sformato preparato con tuorlo d'uovo, zucchero, porto invecchiato 20 anni e prosciutto stagionato), e una selezione di formaggi di alta qualità (€15/25 per una/due persone).

Portugal Gifts (Articoli Regalo)

Questo negozio d'artigianato offre souvenir portoghesi contemporanei ideali per regali unici. Troverete una vasta gamma di prodotti, tra cui tazze con il celebre galletto di Barcelos, sottobicchieri in stile azulejos e persino sardine di cioccolato.

LX Market (Mercato)

Al mercato della LX Factory troverete una varietà di prodotti, tra cui abiti vintage, articoli d'antiquariato, opere artigianali, prodotti alimentari e piante insolite e affascinanti. Lo shopping domenicale è allietato da performance musicali dal vivo.

IL MEGLIO DI LISBONA

I PALAZZI DI SINTRA E I GIARDINI

Nascosto tra una lussureggiante vegetazione e dominato da due maestosi camini conici, il bianco Palazzo Nazionale, un sito del Patrimonio Mondiale dell'UNESCO, brilla come il gioiello di Sintra. Non da meno, Sintra (nella foto) incanta con i suoi giardini misteriosi, mentre il romantico Palácio Biester, recentemente restaurato nel 2022, è un tesoro che attende di essere scoperto.

Trasporti

Per raggiungere Sintra, prendete un treno dalle stazioni di Rossio (€2,30, 40 minuti) e Oriente (€2,30, 50 minuti).

Scenografia da Film

Prima di aprirsi al pubblico, il Palácio de Biester ha fatto la sua apparizione sul grande schermo nel film "La nona porta" di Roman Polanski. Esplorando i suoi giardini, potrete godere di una vista su Sintra in lontananza. Dai due punti panoramici, ammirerete i principali monumenti storici e vi perderete nella bellezza del primo Paesaggio Culturale UNESCO d'Europa.

Giardini

Tra gli enigmatici luoghi della Quinta da Regaleira si trova il misterioso Poço Iniciático, un pozzo profondo circa 26 metri che si dice fosse utilizzato per riti d'iniziazione massonici. Una scala a chiocciola conduce verso il fondo, attraversando nove anelli che simboleggiano forse i "nove cerchi dell'inferno" e i "nove cerchi del purgatorio".

Al suo interno, una rosa dei venti sovrastata da una croce templare cattura lo sguardo. La ricerca dei simboli continua tra le numerose grotte e laghi del giardino.

Trasporti a Sintra

Per evitare le code, è consigliabile arrivare presto o tardi.

Per risparmiare dal 5% al 10%, a seconda dei siti che intendete visitare, conviene acquistare il biglietto cumulativo Parques da Sintra Monte da Lua.

Il Palácio da Pena e il Castello dei Mori di Sintra si trovano in periferia e richiedono almeno un'ora di cammino in salita. Risparmiate le energie prendendo l'autobus 434, un taxi o un tuk-tuk.

Una pausa

Dal 1756, la Fábrica das Verdadeiras Queijadas da Sapa sforna eccellenti queijadas, dolcetti di pasta friabile ripieni di formaggio fresco, zucchero, farina e cannella.

La Casa Piriquita è famosa per i suoi deliziosi travesseiros Rotolini di pasta sfoglia farciti con crema pasticcera al tuorlo e mandorle.

GUIDA PRATICA

PRIMA DI PARTIRE

CONSIGLI PER PRENOTARE ALLOGGI

Durante l'alta stagione (da metà luglio a metà settembre), assicuratevi di prenotare con un po' d'anticipo.

Molte guesthouse non dispongono di ascensore, quindi potreste dover portare i bagagli su per le scale fino a tre piani o più. Se questo è un problema, cercate una struttura con ascensore.

Le pensões e le residenciais sono piccole guesthouse caratterizzate da un'atmosfera intima. Spesso sono più accoglienti degli hotel economici e offrono la colazione inclusa.

Gli hotel hanno tariffe più convenienti durante la bassa stagione.

Per soggiorni lunghi, gli appartamenti rappresentano un'alternativa agli hotel.

Siti Utili

Lisbon Lux (www.lisbonlux.com): Una guida completa della città di Lisbona, inclusi una vasta selezione di alloggi di ogni tipo.

Go Lisbon (www.golisbon.com): Una guida locale che offre informazioni dettagliate su alberghi, appartamenti, ostelli e pousadas (locande di lusso), suddivisi per categorie d'interesse.

Booking (www.booking.com): Prenotare Alberghi, appartamenti o camere in affitto per tutti i gusti e per tutti i portafogli.

QUANDO ANDARE

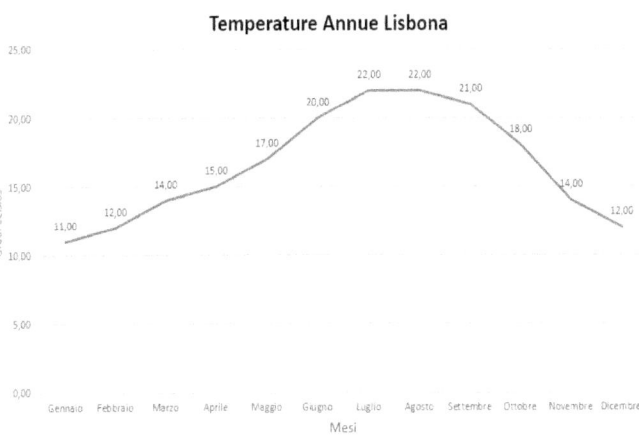

Inverno (novembre-febbraio): Generalmente è un periodo tranquillo, ad eccezione del Carnevale a febbraio. Offerte e sconti abbondano durante la bassa stagione. Tuttavia, il clima può essere umido e ventoso.

Primavera (marzo-maggio): I parchi sono in fiore, le giornate sono miti e spesso soleggiate, e le tariffe degli alloggi rimangono ragionevoli. È la stagione ideale per visitare la città.

Estate (giugno-agosto): Le temperature sono generalmente molto calde. È il momento perfetto per godersi i festival, andare in spiaggia e cenare all'aperto. I prezzi degli alloggi tendono ad aumentare, quindi è consigliabile prenotare con anticipo.

Autunno (settembre-ottobre): Le temperature sono piacevoli, ci sono numerosi eventi culturali e meno affluenza turistica. Potrebbero verificarsi alcuni acquazzoni improvvisi, ma in generale è un ottimo periodo per visitare Lisbona.

Alloggi Economici

Lisbon Calling (www.lisboncalling.net): Un incantevole ostello situato a Santa Catarina, caratterizzato da affreschi e piastrelle dipinte a mano.

Lisbon Destination Hostel (www.destinationhostels.com): Un'eccellente struttura ospitata nella stazione ferroviaria più bella di Lisbona.

Home Lisbon Hostel (www.homelisbonhostel.com): Un'accogliente guesthouse gestita a conduzione familiare, situata nel cuore della Baixa, con servizi di alta qualità e un bar accogliente.

Independente (www.theindependente.pt): Un elegante ostello situato di fronte al Miradouro de São Pedro de Alcântara.

Living Lounge (www.livingloungehostel.com): Un ostello dal fascino vintage, posizionato tra i quartieri del Chiado e della Baixa.

Prezzi Medi

Casa do Príncipe (www.casadoprincipe.com): Un bed and breakfast con nove camere all'interno di un palazzo neomoresco dell'Ottocento, offre un eccellente rapporto qualità-prezzo.

Lisbon Story Guesthouse (www.lisbonstoryguesthouse.com): Una magnifica guesthouse con camere a tema che si affacciano su Largo de São Domingos.

Casa Amora (www.casaamora.com): Un invitante boutique hotel situato vicino alla Mãe d'Àgua, dotato di un giardino e offre un servizio personalizzato.

Dear Lisbon (www.dearlisbon.com): Camere elegantemente arredate e una piscina nel cortile caratterizzano questa struttura.

Alloggi Costosi

Palacete Chafariz d'el Rei (www.chafarizdelrei.com): Un boutique hotel con sei suite, ospitato in un edificio del XIX secolo situato nell'Alfama.

Valverde (www.valverdehotel.com): Un boutique hotel attentamente curato, con 25 camere dal design raffinato all'interno di un elegante palazzo su Avenida da Liberdade.

Memmo Alfama (www.memmoalfama.com): Un boutique hotel alla moda con una vista spettacolare sull'Alfama dalla terrazza.

Pestana Palace Lisboa (www.pestana.com/pt/hotel/pestana-palace): Un meraviglioso albergo di lusso situato nello storico palazzo Valle Flor (1904), progettato dall'architetto italiano Nicola Bigaglia e designato monumento nazionale.

ALL'ARRIVO

AEROPORTO DE LISBOA

Situato a circa 6 km a nord del centro, l'aeroporto ultramoderno di Lisbona offre voli diretti per numerose destinazioni in tutto il mondo.

Per raggiungere il centro di Lisbona dall'aeroporto, si può utilizzare la metropolitana (il costo di una singola corsa è di €1,65), con il capolinea della linea rossa proprio all'aeroporto.

Il costo approssimativo di un taxi per il centro di Lisbona è di circa €16, a cui si aggiungono €1,60 per il bagaglio. Per evitare lunghe attese, è consigliabile prendere un taxi direttamente all'atrio delle partenze.

I servizi di ridesharing come Uber e Bolt possono prendere i passeggeri solo al di fuori della zona delle partenze, situata al 2° piano. All'arrivo, è possibile raggiungere questa zona utilizzando la scala mobile posta a destra.

STAZIONE DI SANTA APOLÓNIA

La stazione di Santa Apolónia è servita da treni della metropolitana che passano a intervalli di pochi minuti, offrendo un collegamento rapido con il centro di Lisbona. Il costo di una singola corsa è di €1,65 per qualsiasi zona della città.

Santa Apolónia è situata lungo la linea blu, a una sola fermata dal Terreiro do Paço (Praça do Comércio), che costituisce il cuore pulsante di Lisbona.

> **Biglietti e Abbonamenti**
>
> Per i trasporti pubblici urbani, ci sono due tessere utili disponibili presso i chioschi e le stazioni della metropolitana.
>
> La tessera Navegante ha un costo di €0,50 e può essere caricata con un credito prestabilito. Scegliete l'opzione "aggiungere credito" anziché per la singola corsa (valida solo per la metropolitana). Questo vi permetterà di utilizzare la tessera su metropolitana, autobus, tram e funicolari. Il costo scalato dal credito per una singola corsa è di €1,47 per metro, autobus e tram.
>
> In alternativa, c'è la tessera 24 ore per Carris e metropolitana, che costa €6,60. Questa tessera consente viaggi illimitati per 24 ore su tutti gli autobus, tram, funicolari e metropolitana.

STAZIONE GARE DO ORIENTE

La modernissima stazione Gare do Oriente è servita dalla linea rossa, che offre collegamenti rapidi e frequenti con il centro di Lisbona.

Per raggiungere la fermata Baixa-Chiado, nel cuore del centro, occorrono circa 20 minuti di metro da questa stazione. Per la linea verde, occorre cambiare ad Alameda.

Tra gli autobus che collegano la stazione Gare do Oriente al centro di Lisbona c'è il numero 708 per Martim Moniz (con fermata anche all'aeroporto). Il costo del biglietto singolo è di €2 se acquistato a bordo (€1,47 se acquistato in anticipo).

TRASPORTI LOCALI

METROPOLITANA DI LISBONA

La metropolitana di Lisbona è semplice da utilizzare e offre quattro linee: rossa, verde, gialla e blu.

Il servizio è attivo dalle 6:30 del mattino all'1:00 di notte.

I biglietti possono essere acquistati presso i distributori automatici presenti nelle stazioni e il costo per una corsa singola è di €1,65.

Ricordatevi di convalidare il biglietto all'entrata della stazione.

I cartelli con la parola "correspondência" indicano il trasferimento da una linea all'altra, mentre "saída" indica l'uscita.

TRAM, AUTOBUS E FUNICOLARE

L'azienda Carris gestisce tutti i trasporti tranne la metropolitana.

Gli autobus e i tram sono in circolazione dalle 5 o 6 del mattino fino all'1 circa, con alcuni servizi notturni disponibili.

È consigliabile procurarsi una cartina dei trasporti presso un ufficio turistico o dai chioschi Carris, che si trovano in varie zone della città. È possibile consultare gli orari e i percorsi sul sito web.

I biglietti singoli possono essere acquistati anche a bordo e hanno un costo di €2 per gli autobus e €3 per il tram. È utile considerare l'acquisto della tessera Carris da 24 ore (€6,60), disponibile presso distributori automatici o chioschi situati nelle stazioni della metropolitana.

Un viaggio di andata e ritorno in funicolare ha un costo di €3,80, tranne per l'Elevador de Santa Justa, dove il costo è di €5,30.

Ricordate sempre di convalidare il biglietto prima di salire a bordo.

BICICLETTA

Il traffico, i tram, le colline e il selciato rendono la bicicletta una sfida a Lisbona. Tuttavia, ci sono piacevoli percorsi lungo la pista ciclabile che costeggia il fiume Tago.

Un comodo punto di noleggio biciclette è Bike Iberia, situato vicino a Cais do Sodré.

Per tragitti brevi, potete utilizzare il servizio Gira, il sistema di bike-sharing che dispone di 48 stazioni in città (con previsione di molte altre).

Tenete presente che a Lisbona spesso viene solcata da forte vento, che potrebbe rendere difficile il vostro giro in bicicletta, prestate attenzione alle previsioni meteo giornaliere.

TAXI E SERVIZI DI RIDESHARING

A Lisbona ci sono moltissimi taxi in circolazione. Potete trovare posteggi a Rossio e in Praça dos Restauradores, si trovano antistanti alle stazioni e ai terminal dei traghetti.

La tariffa di partenza diurna dovrebbe essere di circa €3,25. Vi sarà addebitato un supplemento per i bagagli e un sovrapprezzo del 20% per le corse effettuate tra le 21:00 e le 6:00 del mattino.

I servizi di ridesharing, disponibili tramite app, offrono tariffe generalmente più convenienti rispetto ai taxi tradizionali. Tra i più popolari ci sono Uber, Bolt e Taxi-Link.

INFORMAZIONI

AMBASCIATE E CONSOLATI

Italia

Telefono: +213 515 320

Email: ambasciata.lisbona@esteri.it

Sito web: www.amblisbona.esteri.it

Indirizzo: Largo Conde de Pombeiro 6, 1150-100 Lisbona

DOCUMENTI E VISTI

Sul sito www.viaggiaresicuri.it troverete le informazioni aggiornate sui viaggi e le misure in vigore in Portogallo.

I cittadini italiani e degli altri paesi dell'UE, così come i cittadini della Svizzera, possono entrare nel Portogallo con solamente la carta d'identità valida per l'espatrio o il passaporto (in corso di validità).

Tuttavia, ai possessori di carte d'identità con validità prorogata (sia quelle cartacee rinnovate con il timbro, sia quelle elettroniche rinnovate con foglio di proroga, sia quelle rilasciate o rinnovate dopo il 10 febbraio 2012 la cui validità è stata prorogata fino al primo compleanno successivo alla scadenza dello stesso) alcune compagnie aeree low cost, e soprattutto le autorità di frontiera, potrebbero negare l'imbarco o l'ingresso nel paese. Consiglio pertanto di informarsi per tempo e, se necessario, richiedere una nuova carta d'identità.

Anche i minori devono essere in possesso di una carta d'identità valida per l'espatrio o di un passaporto personale. Nel caso dei minori di 14 anni che viaggiano all'estero con i genitori o con un accompagnatore che ne fa le veci, è consigliabile che siano anche muniti di documentazione idonea a comprovare la titolarità della potestà genitoriale. Per ulteriori informazioni, ci si può rivolgere al comune di residenza o alla questura.

PRESE ELETTRICHE

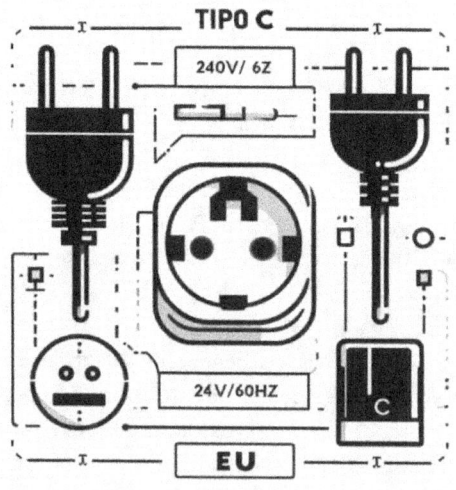

EMERGENZE

Il numero unico europeo di emergenza è il **112**.

Il numero della guardia medica invece è: **808 242 424**

PUNTI D'INFORMAZIONI TURISTICHE

Ask Me Lisboa (www.visitlisboa.com) offre servizi informativi turistici, deposito bagagli e connessione internet a pagamento. Trovate gli uffici presso Praça dos Restauradores e Praça do Comércio (in centro città).

Chioschi Informativi (www.visitlisboa.com) sono sparsi in diversi punti della città:

Aeroporto de Lisboa

Cais do Sodré

Mosteiro dos Jerónimos

Torre di Belém

MONETA

BANCOMAT

Per prelevare denaro, i bancomat (Multi bancos) sono la scelta più pratica. Tuttavia, tenete presente che la vostra banca potrebbe addebitare circa l'1,5% per ogni transazione. Assicuratevi di informarvi in merito.

CARTE DI CREDITO

Le carte di credito Visa e MasterCard sono ampiamente accettate, mentre l'American Express è meno diffusa, tranne che negli hotel e nei ristoranti di lusso. È possibile utilizzare le carte di credito anche per ottenere anticipi di denaro contante. Per ulteriori informazioni, potete contattare gli emissari delle carte di riferimento.

È consigliabile informare la banca o la compagnia che ha emesso la vostra carta di debito o di credito riguardo al vostro viaggio, per evitare che il sistema antifrode blocchi la carta dopo il primo prelievo.

MANCE

In genere, il servizio non è incluso nel conto. Nei locali più turistici, è consuetudine lasciare una mancia del 10%, ma non è mai obbligatoria (i portoghesi tendono semplicemente ad arrotondare l'importo del conto per eccesso).

ORARI DI APERTURA

La maggior parte dei negozi chiude la domenica, con alcuni che chiudono anticipatamente anche il sabato e durante la pausa pranzo (13:00-15:00). I lunedì molti musei rimangono chiusi.

- **Banche**: lunedì a venerdì 8:30-15:00

- **Bar**: 19:00-3:00

- **Caffè**: 8:00-24:00

- **Locali notturni**: giovedì a sabato 23:00-6:00

- **Negozi**: lunedì a venerdì 9:30-19:00, sabato 9:30-13:00

- **Ristoranti**: 12:00-15:00 e 19:00-22:00

BAGNI PUBBLICI

I bagni pubblici sono scarsi a Lisbona. Potete trovarli nelle stazioni dei treni, della metropolitana e degli autobus. In alternativa, potete entrare nei bar più vicini a voi. Se desiderate solo utilizzare il bagno, potete anche ordinare una bica (un caffè espresso).

TELEFONO

È possibile utilizzare il proprio cellulare o smartphone in Portogallo. Per i cellulari dell'UE, non sono previsti costi di roaming.

CHIAMATE INTERNAZIONALI

Se chiamate Lisbona dall'estero, digitate il prefisso (00 sia per l'Italia che per la Svizzera), seguito dal prefisso del Portogallo (351) e infine dal numero desiderato.

TESSERE SCONTO

Lisboa Card: offre l'accesso illimitato ai trasporti pubblici, compresi i treni per Sintra e Cascais, e l'ingresso gratuito ai musei e ai principali siti turistici, oltre a sconti fino al 50% su tour, crociere e altro.

È disponibile presso gli uffici turistici **Ask Me Lisboa**, inclusi quelli dell'aeroporto. Le opzioni di validità sono 24/48/72 ore al costo di €21/35/44. Assicuratevi di convalidarla prima dell'uso.

VIAGGIARE SICURI

Lisbona presenta un basso tasso di criminalità, ma sono stati segnalati aumenti nei piccoli furti.

Fate attenzione sui tram, noti per la presenza di borseggiatori, e in luoghi molto turistici come la Rua Augusta.

Di notte, siate vigili nelle zone delle stazioni della metropolitana Anjos, Martim Moniz e Intendente, dove si sono verificate rapine.

Prestate attenzione anche nei vicoli bui di Alfama e Graça, e nella zona del Cais do Sodré, dove si sono registrati un aumento degli scippi.

GUIDA LINGUISTICA

Il portoghese presenta alcune sfide nella pronuncia, soprattutto per le vocali e le consonanti. Le vocali possono essere aperte, chiuse o nasalizzate, mentre le consonanti hanno alcune differenze significative rispetto all'italiano, come la pronuncia della 'c', 'g', 'r', 's', 'x' e altri gruppi consonantici. L'accento tonico cade di solito sulla penultima sillaba.

CONVERSAZIONE DI BASE

Ciao. - Olá.

Buongiorno. - Bom dia.

Buon pomeriggio. - Boa tarde.

Buonasera. - Boa noite.

A più tardi. - Até logo. Arrivederci. - Adeus.

Come sta? - Como está?

Bene, e lei? - Bem, e você?

Per favore. - Por favor.

Grazie. - Obrigado/a.

Prego. - De nada. Per piacere. - Faz favor.

Mi scusi. - Desculpe.

Sì. /No. - Sim. /Não.

Non capisco. - Não entendo.

Parla inglese? - Fala inglês?

Come si chiama? - Como se chama?

Mi chiamo ... - Chamo-me ...

CIBO E BEVANDE

..., per favore. - ..., por favor.

Un caffè - Um café.

Due birre - Dois cervejas.

Vorrei prenotare un tavolo per ... - Eu queria reservar uma mesa para ...

le otto - as oito da noite.

due persone - duas pessoas.

Che cosa mi consiglia? - O que é que recomenda?

Sono vegetariano/a. - Eu sou vegetariano/a.

Era delizioso! - Isto estava delicioso.

Il conto, prego. - A conta, por favor.

EMERGENZE

Aiuto! - Socorro!

Chiami un medico! - Chame um médico!

Chiami la polizia! - Chame a polícia!

Sto male. - Estou doente.

Mi sono perso/a. - Estou perdido/a.

Dov'è il bagno? - Onde é a casa de banho?

ORA E NUMERI

Che ore sono? - Que horas são?

Sono le (10). - São (dez) horas.

Sono le (10) e mezzo. - (Dez) e meia.

mattina - manhã, **pomeriggio** - tarde, **sera** - noite.

ieri - ontem, **oggi** - hoje, **domani** - amanhã.

1: um
2: dois
3: três
4: quatro

5: cinco

6: seis

7: sete

8: oito

9: nov

10: dez.

SHOPPING

A che ora apre/chiude? - A que horas abre/fecha?

Vorrei comprare … - Queria comprar …

Sto solo guardando. - Estou só a ver.

Quanto costa? - Quanto custa?

È troppo caro. - Está muito caro.

Può abbassare il prezzo? - Pode baixar o preço?

TRASPORTI E DIREZIONI

Dov'è …? - Onde é …?

Qual è l'indirizzo? - Qual é o endereço?

Può mostrarmelo (sulla cartina)? - Pode-me mostrar (no mapa)?

Quando parte il prossimo autobus? - Quando é que sai o próximo autocarro?

A che ora arriva a …? - A que horas chega a …?

È questo l'autobus per …? - Este autocarro vai para …?

Vorrei andare a … - Queria ir a …

Ferma a …? - Pára em …?

Fermi qui per favore. - Por favor pare aqui.

CONCLUSIONE

Con questa Lisbona Guida Completa, curata dal sottoscritto Matteo da Silva, chiunque abbia il privilegio di esplorare questa città affascinante ha avuto a disposizione un compagno affidabile e informativo. Ogni parola, ogni suggerimento è stato pensato per rendere l'esperienza di voi viaggiatori indimenticabile e ricca di scoperte. Che tu sia un appassionato di storia, un gourmet alla ricerca dei sapori autentici, o un viaggiatore in cerca di avventure, questa guida ti ha accompagnato attraverso le strade intricate e le piazze animate di Lisbona, svelando i segreti meglio custoditi e i gioielli nascosti di questa città millenaria.

Che il tuo viaggio sia stato ricco di emozioni, scoperte e momenti indimenticabili, e che Lisbona possa rimanere nel tuo cuore come una delle esperienze più straordinarie della tua vita. Mi auguro che sia stata la tua compagna fedele in questa meravigliosa avventura a Lisbona.

www.ingramcontent.com/pod-product-compliance
Lightning Source LLC
Chambersburg PA
CBHW052252220526
45471CB00001B/301